12396

北京新农村科技服务热线
咨询问答图文精编 II

◎ 孙素芬　罗长寿　主编

U0272428

中国农业科学技术出版社

图书在版编目（CIP）数据

12396北京新农村科技服务热线咨询问答图文精编Ⅱ /
孙素芬，罗长寿主编 . — 北京：中国农业科学技术出版社，
2017.8
ISBN 978-7-5116-3110-7

Ⅰ . ① 1 …　Ⅱ . ①孙…　②罗…　Ⅲ . ①农业技术—科
技服务—咨询服务—普及读物　Ⅳ . ① S-49

中国版本图书馆 CIP 数据核字（2017）第 136733 号

责任编辑　　徐　毅
责任校对　　贾海霞

出 版 者　中国农业科学技术出版社
　　　　　　北京市中关村南大街 12 号　邮编：100081
电　　话　（010）82106631（编辑室）（010）82109702（发行部）
　　　　　　（010）82109702（读者服务部）
传　　真　（010）82106631
网　　址　http://www.castp.cn
经 销 者　各地新华书店
印 刷 者　北京科信印刷有限公司
开　　本　880mm×1 230mm　1/32
印　　张　8.75
字　　数　220 千字
版　　次　2017 年 8 月第 1 版　2017 年 8 月第 1 次印刷
定　　价　45.00 元

前言

　　"12396 星火科技热线"是科技部与工信部联合建立的星火科技公益服务热线。"12396 北京新农村科技服务热线"是由北京市科委农村发展中心与北京市农林科学院联合共建，是面向"三农"开展农业科技信息服务的综合平台。热线有一支由百余名具有丰富理论知识与实践经验的农业专家组成的服务团队，服务内容主要包括蔬菜、果树、食用菌、杂粮、畜禽等方面农业生产问题。自 2009 年正式开通以来，除在北京市进行服务应用外，同时，还立足京津冀辐射扩展到全国其他 30 个省、区、市，社会经济效益显著，树立了农业科技咨询的"京科惠农"服务品牌。

　　在服务过程中，热线积累了大量来自农业生产一线的技术和实践问题，为更好地发挥这些咨询问题对农业生产的指导作用，编者精选了部分图文问题并在充分尊重专家实际解答的基础上，进行了文字、形式等方面的编辑加工，使解答尽量简洁、通俗、科学、严谨。本书汇集了蔬菜、果树、花卉、杂粮和畜禽养殖等不同生产门类的图文问题，希望通过这些精选的问题更好地传播知识，为农业生产提供参考与借鉴，更好地发挥农业科技的支撑作用。

本书涉及的农业生产问题的解答，一般是专家对咨询者提出的问题进行针对性的解答，由于农业生产具有实践的现实性、复杂性，因此，在参考本书中相关解答时，请结合当地的气候、农时和生产实践，不要全盘照搬，不要教条化执行专家解答，这一点请广大读者理解。

本书的主要目的是延续热线的公益性服务作用，通过对农业生产一线遇到的问题进行图文展示，结合专家的详细解答，为用户提供直观的参考。对于提供原始图片的热线服务用户，表示感谢！对于未能标注出处的作者，敬请谅解！对参加"12396 北京新农村科技服务热线"服务的专家以及为本书提供指导的各位专家，表示感谢！没有你们的辛勤劳动，就没有本书的成稿、付梓！北京市科委农村发展中心及北京市农林科学院的相关领导，对本书的编写提供了大力支持，在此也表示衷心的感谢！

鉴于编者的技术水平有限，书中难免有所纰漏，敬请各位同行和广大读者不吝赐教、批评指正！

编 者

2017 年 5 月

目录
CONTENTS

第一部分　种植咨询问题

目录

目录

目
录

目
录

第二部分 养殖咨询问题

目
录

第一部分　种植咨询问题

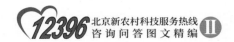
一、蔬菜

问：番茄果实的脐部变黑是什么病，怎么防治？
河南省　网友"商丘小杨"

答：李明远　研究员　北京市农林科学院植物保护环境保护研究所

从图片看，是番茄脐腐病。

防治措施

（1）补钙。买多钙的叶面肥，如绿芬威3号，或用0.5%的氯化钙＋百万分之五的萘乙酸，喷洒植株。

（2）补水。使植株脱离干旱的状态。

02 问：番茄从上部、中部叶片开始发病，先从一片叶子的一边萎蔫，然后整片叶萎蔫，接着越来越多的叶子萎蔫，最后整棵萎蔫，是青枯病吗？

湖南省　网友"常德～澧水"

答：李明远　研究员　北京市农林科学院植物保护环境保护研究所

从图片看，像是番茄青枯病。但最好将病枝泡在水里，看断面是否有溢脓流出。

具体方法：在病株下半部取一段茎，先插在一块瓦楞纸上，然后将其扣在装有大半杯清水的玻璃杯上，使病茎悬在中间。浸泡20～30分钟，就可以见到有类似牛奶状的液体从茎的下端流出，拉成一条白线，这种情况就是有溢脓流出，可以断定为青枯病。

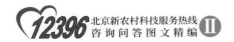

03 问：番茄怎么没有生长点？

北京市大兴区　网友"磊"

答：张宝海　研究员　北京市农林科学院蔬菜研究中心

番茄没有生长点与品种、种子质量、苗期生长条件等有关系。定植时，选择优质苗定植，弱苗、病苗尽量不用。

04 问：番茄果顶部有棕色的茸毛，一动就像是孢子撒粉末似的，怎么回事？

黑龙江省　网友"空白"

答：李明远　研究员　北京市农林科学院植物保护环境保护研究所

从图片看，是发生了灰霉病。灰色的粉末是它的分生孢子，依靠它进行传播。天气转暖后，渐轻。防治时，先清除病叶、病果后再用啶酰菌胺、嘧霉胺等农药进行防治。

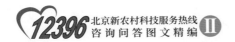
05 问：番茄果上有白点，怎么回事？
山东省　网友"地理～蔬菜种植"

答：宫亚军　副研究员　北京市农林科学院植物保护环境保护研究所

从图片看，是蓟马为害的。现在防治蓟马最有效的药剂是乙基多杀菌素，其他药剂防治效果均不太理想。可用 6% 乙基多杀菌素 1 000~2 000 倍液进行整株均匀喷药，注意在叶子背面、花等部位重点喷药，多数蓟马都分布在这些位置。

06 问：番茄果上有网纹状的斑，怎么回事？
北京市密云区　网友"天晴"

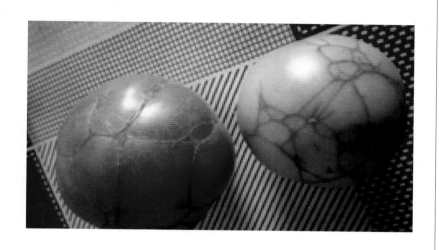

答：李明远　研究员　北京市农林科学院植物保护环境保护研究所

一般是番茄在幼果期受到了伤害，主要包括大的温差、药物、叶面肥等造成的伤害，随着果实的长大在表面形成了网状纹。

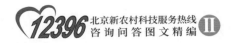

07 问：大棚番茄中部的叶子都缩到一起了，顶部新长出来的叶子泛黄，是怎么回事？

北京市　网友"ZHF"

答：司亚平　研究员　北京市农林科学院蔬菜研究中心

检查叶片背面有没有茶黄螨，如果没有，也许是激素沾花造成的。

08 问：无土栽培的番茄叶片发黄，叶面有白色斑点是怎么回事？

北京市顺义区　网友"ZHF"

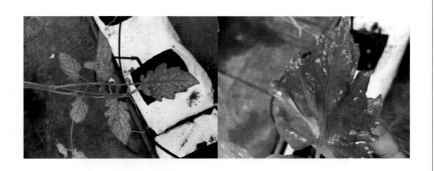

答：张宝海　研究员　北京市农林科学院蔬菜研究中心

前一张图片表现的可能是植株缺镁的症状，但不一定是营养液里缺镁，根系不良或环境条件不适也能造成这种现象。再有褪绿病毒与缺镁症状相似；后一张图片是虫害，可能是蓟马为害，在叶片上找一找。

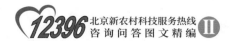

09 问：移栽一星期的番茄，有干叶，怎么回事？
北京市平谷区 网友"尹先生～种植技术员"

答：李明远 研究员 北京市农林科学院植物保护环境保护研究所

定植时，往往会伤根。在目前的高温下，下部叶片的边缘有点发干，在所难免。如果有遮阳网，在中午时拉上，过几天高温过去，估计会好转。如果没有遮阳网，注意放风。总体来说问题不大。

10 问：番茄生长点的叶片卷缩是怎么回事？
辽宁省　网友"辽宁北票果蔬周"

答：宫亚军　副研究员　北京市农林科学院植物保护环境保护研究所

茶黄螨、病毒病都会造成番茄生长点叶片卷缩，你需要注意叶片背面是否僵硬、变脆。如果有此现状，观察叶背面是否有螨虫。如果有，可用1.8%阿维菌素3 000倍液进行涮头。

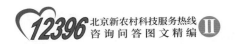
11 问：番茄叶片上有黄褐色病斑是怎么回事？
北京市　某先生

答：黄金宝　副研究员　北京市农林科学院植物保护环境保护研究所

从图片病斑看，像晚疫病。番茄晚疫病与黄瓜霜霉病都属于卵菌类，其"不见明水不发病"。在管理上应尽量减少明水，所谓"明水"，就是看得见的水，如浇水、打药水、雨水、棚膜水滴、植株早晨叶片吐水等；防治用药有烯酰吗啉、克露、普力克等。应在晴天上午喷药或浇水，如果是栽培在棚室里，打完药后待气温升高后再放风。

12 问：大棚里的番茄秧子顶部叶片发黄怎么回事？

北京市密云区　网友"雨露"

答：黄金宝　副研究员　北京市农林科学院植物保护环境保护研究所

从图片看，可能是病毒病，但很轻。在加强防治蚜虫、白（烟）粉虱的前提下，打防病毒的药剂。

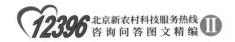

13 问：番茄顶部叶片卷缩是什么病，怎么防治？
湖北省　网友"鲜量农场"

答：李明远　研究员　北京市农林科学院植物保护环境保护研究所

从图片看是黄化曲叶病毒（TY病毒），是通过烟粉虱传上的。现在可以用吗啉胍铜药剂防治有点效果，但是不会太理想。预防黄化曲叶病毒的有效方法有2个，一是种植抗（耐病）TY的品种；二是不让棚里有烟粉虱。

14 问：番茄果实变褐色是什么病，怎么防治？

北京市　网友"李先生，北京京鹏无土栽培"

　　答：李明远　研究员　北京市农林科学院植物保护环境保护研究所

　　从图片看，为牛眼病，是在高温下番茄易发生的一种病，可用百菌清预防。一旦发生该病，请使用对卵菌有效的杀菌剂，即对霜霉有效地专用杀菌剂。如克露、抑快净、普力克等。

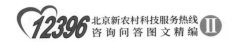
15 问：番茄叶片上有白色粉状物是什么病？

湖北省　网友"鲜量农场"

答：李明远　研究员　北京市农林科学院植物保护环境保护研究所

从图片看，是番茄白粉病，可用防治黄瓜白粉病的药剂防治。

16 问：番茄是不是叶霉病？
河南省　网友"园艺小生"

答：黄金宝　副研究员　北京市农林科学院植物保护环境保护研究所

从图片看，番茄不是叶霉病，应该是生理病害。叶霉病从叶正面上看是有黄点，翻到叶背可以见到霉层，霉层颜色前期是黄色，后变褐色，最后成黑色，很明显。

17 问：大棚里成熟的番茄果实上面有绿点是怎么回事？
黑龙江省　网友"天晴"

答：张宝海　研究员　北京市农林科学院蔬菜研究中心

如果发生较多，可能是氮肥偏多，钾肥不足；如果个别出现，可能是植株差异或土壤差异造成，中后期注意多施钾肥。

18 问：大棚刚栽没多久的番茄苗萎蔫是怎么回事？
山东省　网友"山东枣庄—小席"

答：张宝海　研究员　北京市农林科学院蔬菜研究中心

从图片看，主要问题是茎基部变细和腐烂，可能是茎基腐病，与高温、湿度大有关。可用普力克、烯酰吗啉等药喷雾并让药液沿茎流入根部。

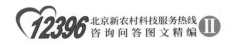
19 问：无土栽培的樱桃番茄在苗期时徒长，移栽缓苗后继续徒长。降低温度后也不管用，是怎么回事？
北京市　网友"ZHF"

答：司亚平　研究员　北京市农林科学院蔬菜研究中心
加大通风量，缩短遮光时间，调高营养液浓度。

20 问：樱桃番茄上是什么病虫害，还能治吗？

北京市顺义区　张女士

答：李明远　研究员　北京市农林科学院植物保护环境保护研究所

从图片看，您的地里有温室白粉虱，但是哪种白粉虱，看不清楚。可以用防虫纱网或者用20%啶虫脒3 000倍液喷雾，防治效果还可以。

21 问：黄瓜上长白毛，白毛下面有黑色颗粒，颗粒里面是棕色的有质感的东西，是怎么回事？
黑龙江省　网友"空白"

答：李明远　研究员　北京市农林科学院植物保护环境保护研究所

从图片看，是得了黄瓜菌核病。黑色的颗粒就是菌核，菌核萌发后会散出孢子，进行传播。天气转暖后病渐轻，防治时，应在孢子散发前用药。可用的药剂：乙烯菌核利、速克灵、异菌脲、啶酰菌胺等喷雾或涂茎。

22 问：黄瓜打岔掉在地上的叶子长白毛，怎么回事？

黑龙江省　网友"空白"

答：李明远　研究员　北京市农林科学院植物保护环境保护研究所

从图片看，可能是一种黏菌。它一般腐生，对蔬菜不为害。打岔过后的叶子尽量扔到棚外，不要直接放在地里。

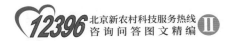

23 问：黄瓜果实上长叶是什么原因？
北京市　网友"安静活着"

答：陈春秀　推广研究员　北京市农林科学院蔬菜研究中心

从图片看，黄瓜果实上长小叶是因为前期温度低，或因缺水造成花芽分化出现异常。一般很少出现这种现象，以后温度、水肥管理正常就不会出现了。

24 问：黄瓜弯瓜，是什么原因？

湖北省 网友"荆州 董 种黄瓜"

答：陈春秀 推广研究员 北京市农林科学院蔬菜研究中心

黄瓜弯瓜现象原因有以下几点。

（1）黄瓜生长期间，受高温、高湿及不良气候等因素的影响而产生弯瓜。如遇连阴天突然放晴，高温强光引起水分、养分供应不足造成弯瓜。

（2）干旱、低温易形成弯瓜。

（3）水肥不及时，造成弯瓜。

（4）生长势过旺，营养不平衡，形成弯瓜。

（5）氮肥过多也会造成弯瓜。

（6）病害严重情况下，也会造成弯瓜。

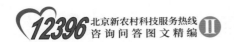

25 问：黄瓜叶片上有黄色斑点怎样治疗？
北京市　网友"2095087371"

答：黄金宝　副研究员　北京市农林科学院植物保护环境保护研究所

第一张图像是细菌性角斑病，第二张图是角斑病或是霜霉病，还不能确定。因此，为保险，您可喷施烯酰吗啉和可杀得防治。

26 问：无土栽培的黄瓜叶片是怎么回事？
北京市顺义区　网友"ZHF"

答：张宝海　研究员　北京市农林科学院蔬菜研究中心

从图片看，植株整体生长发育不良。现在是 6 月，如果是在温室种植，那现在的温室环境条件已经不适合黄瓜的正常生长。营养液供应、温度以及袋温、夜温等不适，也会造成各种各样的生理反应。

27 问：黄瓜全株叶片发白，是什么病，用什么药？会传染边上种的茄子和辣椒吗？

北京市海淀区　王女士～信息所

答：李明远　研究员　北京市农林科学院植物保护环境保护研究所

从图片看，是得了白粉病。一般使用世高防治（通用名：苯醚甲环唑）就有效。它和辣椒白粉病不一样，但与茄子白粉病一样。

28 问：直播方式种植的乳黄瓜，没有用过药，死苗严重，怎么办？

北京市平谷区 "尹先生～种植技术员"

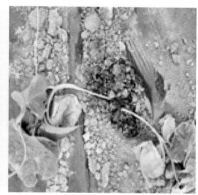

答：李明远 研究员 北京市农林科学院植物保护环境保护研究所

从图片看，茎基部有一些缢缩，有可能是卵菌之类为害的，又称茎基腐病。可以使用普力克之类的药剂灌根或用摘下喷头的喷雾器处理一下。

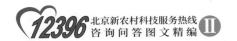

29 问：黄瓜叶片边缘干枯，顶部卷缩怎么回事？
山东省　网友"烟台农科院"

答：陈春秀　推广研究员　北京市农林科学院蔬菜研究中心

从图片看，是生理原因造成的。如连阴雨过后，高温、光照强造成叶片失水。另外，在高温情况下，也容易造成缺钙现象。

建议：在高温情况下，注意小水勤浇，降低地表温度，补充叶片因高温失去的水分，可以缓解上述现象。

30 问：黄瓜花开的很晚而且还很小，怎么回事？
山东省 网友"寿光蔬菜种植"

答：陈春秀 推广研究员 北京市农林科学院蔬菜研究中心

从图片看，您种植的是小黄瓜品种。夏季温度高，昼夜温差小，不易形成雌花。在苗期和定植后植株出现7~8片叶时，可以用增瓜灵分别喷1次，就可以促进雌花的生成；另外，温度高，昼夜温差小时，易徒长，形成的雌花小。

建议：中午前后，用遮阳网进行遮阴降低温度，前期适当减少浇水次数及浇水量，控制营养生长。

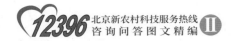
31 问：黄瓜新叶叶尖发黄，然后萎缩变干，怎么回事？

北京市平谷区　网友"尹先生～种植技术员"

答：李明远　研究员　北京市农林科学院植物保护环境保护研究所

如果是发生在保护地里，应当是高温所致。前一段时间北京闷热，但是光照并不太强。最近不断地出现大晴天，使黄瓜突然受到高温强光的影响，造成生长点被灼伤。从图片看，我估计就是高温所引起的。

32 问：黄瓜育苗时，穴盘上有白色絮状物，是什么病，怎么防治？

北京市平谷区　网友"尹先生～种植技术员"

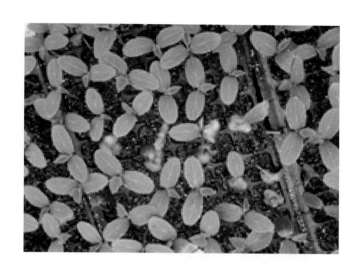

答：李明远　研究员　北京市农林科学院植物保护环境保护研究所

从图片看，多半是腐霉之类的病菌，这种病菌多在高温高湿的条件下发生。使用的药剂有霜霉威、甲霜灵、霜脲氰·锰锌、抑快净之类的药剂。

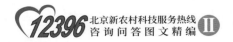
33 问：黄瓜的叶子边缘发黄是什么问题？
北京市顺义区　网友"张女士 ~~~ 北京顺"

答：李明远　研究员　北京市农林科学院植物保护环境保护研究所

从图片看，是一种药害、肥害。例如，敌敌畏熏的或氨气熏的。这种肥害、药害的影响慢慢地就会好。

34 问：黄瓜上有黄斑，是什么病？

湖北省　网友"荆州 董种黄瓜"

　　答：黄金宝　副研究员　北京市农林科学院植物保护环境保护研究所

　　从图片看，可能是霜霉病。尽量降低棚湿度，少见明水，在晴天上午可配合烯酰吗啉、普力克、克露等农药防治即可控制。

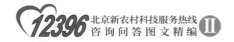

35 问：黄瓜叶片上布满白粉是什么病？怎样防治？
山东省 网友"鲜量农场"

答：黄金宝 副研究员 北京市农林科学院植物保护环境保护研究所

从图片看，是黄瓜白粉病，而且很重。只将最底瓜下留1片叶，其余叶片打掉，扔到棚外运走或深埋；然后在晴天上午用药剂防治，可用药剂：乙嘧酚、凯润、福星、硝苯菌酯等。打完药后，关闭棚室，待温度提高6~8℃后再放风。注意放风一定要从小到大放，以防风闪。5天后，再打1次药，共打3~4次。

36 问：西瓜秧萎蔫，怎么回事？

北京市大兴区　网友"——☆尒'"

答：李明远　研究员　北京市农林科学院植物保护环境保护研究所

从图片看，直接原因是根部吸水受阻。形成原因如下。

（1）嫁接后接口愈合得不好，前期需水量不大，看不出来。目前温度高了，问题就显现出来了。

（2）砧木出了问题，如发生了根腐病、线虫病等。如果是根腐病，可以用多菌灵灌根；如果是线虫病，可用噻唑磷灌根。

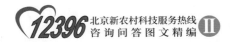
37 问：西瓜幼苗根部变黑，怎么回事？
河北省　网友"美好的未来"

　　答：李明远　研究员　北京市农林科学院植物保护环境保护研究所

　　从图片看，是根部病害。变细是猝倒病，变黑是立枯病。

38 问：西瓜是什么病，怎么治？

北京市大兴区　网友"缘"

答：李明远　研究员　北京市农林科学院植物保护环境保护研究所

从图片看，像是病毒病的初期症状。控制周边及田中的蚜虫，不让它传病。利用浇水缓解症状，喷洒防治病毒的药剂，如吗啉胍铜，碧护等。

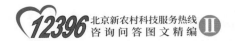

39 问：西瓜幼苗茎变黑是怎么回事？

北京市　网友"植物医生"

答：司亚平　研究员　北京市农林科学院蔬菜研究中心

从图片看，像立枯病，估计是育苗基质未经消毒，或育苗时浇水量大造成的。喷洒普力克、百菌清进行防治。

40 问：西瓜秧萎蔫后就死了，用了好多杀菌剂不管用，怎么回事？

安徽省　网友"MC 小顺哥…"

 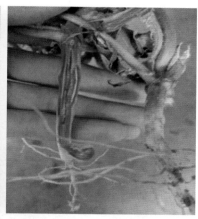

答：黄金宝　副研究员　北京市农林科学院植物保护环境保护研究所

可将有问题的秧苗茎折断，看其维管束是否变褐色，如已变色，说明是枯萎病。枯萎病是常见病害，它属于土传病害，现在没有很好的药剂。因此，普遍采用嫁接方法防治该病。现在，您可用多菌灵等药剂比喷雾浓度高一倍的药液灌根，灌根防治比喷雾效果好。

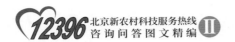

问：西瓜软而不烂，叶片正常，点片发生，是怎么回事？

河北省　网友"冀～小彭～农场

答：陈春秀　推广研究员　北京市农林科学院蔬菜研究中心

从图片看，西瓜长势比较弱，前期坐不住瓜，造成幼果萎蔫。湿度大时，也会腐烂。后期注意施肥浇水，加强田间管理。以后再授粉，瓜就会很快膨大。

42 问：整片地西瓜长势都出现了问题，是怎么回事？

安徽省　网友"人心可畏"

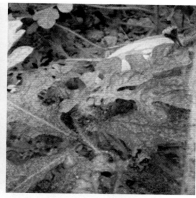

答：陈春秀　推广研究员　北京市农林科学院蔬菜研究中心

从图片看，蚜虫发生十分严重，防治有些过晚了。现在可用3%啶虫脒乳油、5%啶虫脒可湿性粉剂、10%吡虫啉可湿性粉剂、5%吡虫啉乳油或阿维菌素来防治。

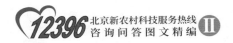

43 问：西瓜叶片干枯是怎么回事？
北京市　网友"老杜"

答：陈春秀　推广研究员　北京市农林科学院蔬菜研究中心

是因为环境湿度大，温度高，感染了细菌性叶枯病。后期放风过大，叶片失水造成边缘枯干。

建议：把严重病叶、枯叶打去，浇过水后，注意通风。同时，可以打农用链霉素进行防治。

44 问：西瓜授粉成功后只长瓜柄，果实却长得很慢，是怎么回事？

云南省　网友"云南黑山羊"

答：陈春秀　推广研究员　北京市农林科学院蔬菜研究中心

西瓜把长原因如下。

（1）温度高光照不足造成瓜把变长，果实不易膨大。

（2）湿度大也会造成瓜把变长。

（3）生长势过旺，造成瓜把伸长。

（4）水分过大，坐瓜前浇水过大。

建议：要控制水分管理，降低湿度，少施氮肥。

45 问：辣椒有个别植株的叶片边缘有发白现象，是缺素吗？

山东省　网友"寿光蔬菜种植"

答：李明远　研究员　北京市农林科学院植物保护环境保护研究所

从图片看，不是缺素症，是一种基因纯合。在制种时会有极少的植株出现，也不传染，不用管它。

46 问：辣椒是怎么回事？是晒伤，还是病害？

北京市顺义区　网友"清凉"

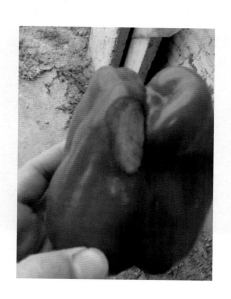

答：李明远　研究员　北京市农林科学院植物保护环境保护研究所

从图片看，是辣椒脐腐病。

防治措施

（1）补钙。买多钙的叶面肥喷洒。如绿芬威 3 号，或用 0.5% 的氯化钙 + 百万分之五的萘乙酸，喷洒植株。

（2）补水。使植株脱离干旱的状态。

47 问：辣椒上有斑点是什么病，怎么防治？
广西壮族自治区　网友"小浣熊"

答：李明远　研究员　北京市农林科学院植物保护环境保护研究所

从图片看，像是细菌性叶斑病。如果病叶不多，可将病叶摘掉，然后用农用链霉素喷洒防治。

48 问：辣椒苗长的不整齐，怎么回事？
安徽省　网友"绿苗天下"

答：李明远　研究员　北京市农林科学院植物保护环境保护研究所

从图片看，不像是病害，主要是土质和土壤养分问题引起的不发苗。再加上过早的结果，植株就长不起来了。

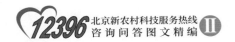

49 问：大辣椒植株长得矮，叶子卷曲，怎么回事？
黑龙江省 网友"空白"

答：李明远 研究员 北京市农林科学院植物保护环境保护研究所

从图片看，是发生了病毒病。可用吗啉胍铜进行防治，以减轻为害。

50 问：大辣椒茎基部发黑，怎么回事？

黑龙江省　网友"空白"

答：李明远　研究员　北京市农林科学院植物保护环境保护研究所

从图片看，是得了辣椒疫病。需要用药防治，可以使用氟吗锰锌 1 500 倍液灌根。

51 问：茄子上是什么虫子？怎么防治？

　　湖北省　网友"鲜量农场"

　　答：黄金宝　副研究员　北京市农林科学院植物保护环境保护研究所

　　从图片看，是被芽茧蜂寄生的蚜虫，不用防治，说明茄子地里的生态环境好。

52 问：茄子叶片上有黄色的斑点，是什么病，怎么防治？
北京市密云区　网友"雨露"

答：李明远　研究员　北京市农林科学院植物保护环境保护研究所

从图片看，是茄子黄萎病。一般使用嫁接的方法预防，也可以采用轮作的方法减轻病害。也有在移栽的时候使用多菌灵蘸根的，但是防治效果一般，仅有70%。

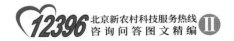
53 问：茄子叶片发黄是什么病，怎么防治？
河北省微信　网友"赵妈妈"

答：李明远　研究员　北京市农林科学院植物保护环境保护研究所

从图片看，是有螨虫了。螨虫种类较多，目前最难防治的是二斑叶螨（又称白蜘蛛）。在有些地区使用阿维菌素、哒螨灵就能控制，但是遇到抗药性的螨虫，需要使用乙基多杀菌素，才能有效。

54 问：茄子脐部木质化，随着茄子长大，开始裂果，没有茶黄螨发生，是什么原因造成的？
北京市海淀区　宫女士

答：李明远　研究员　北京市农林科学院植物保护环境保护研究所

在茄子裂果中有些裂果并不是茶黄螨所致，例如，脐腐病，或一些早期的果实伤害，使果皮不能随之长大，也可以形成裂果。

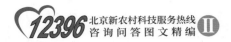

55 问：茄子表面不光滑，是什么原因？

北京市　网友"奋斗"

答：陈春秀　推广研究员　北京市农林科学院蔬菜研究中心

从图片看，茄子受到了红蜘蛛和蓟马为害。用噻虫胺、73%乳油克螨特、阿维菌素等药剂，加上展着剂7天喷1次进行防治。

56 问：茄子的第一个花都没结果，怎么回事？

黑龙江省　网友"【空白】"

答：张宝海　研究员　北京市农林科学院蔬菜研究中心

　　门茄开花时植株营养生长过于旺盛，可能门茄会坐不住，或是温度低，花授粉、受精能力差，导致果实不能发育；可以采用植物生长调节剂处理的方式，促进坐果生长。

57 问：白菜里面类似蜗牛的，把白菜都吃了，是什么？打什么药？

北京市延庆区　网友"吴女士－延庆"

答：李明远　研究员　北京市农林科学院植物保护环境保护研究所

从图片看，这种蜗牛，学名称蛞蝓，可以使用"密达"诱杀。密达是一种蓝色的颗粒（毒饵），白天撒在田间，晚上蛞蝓就会出来取食，达到杀虫的作用。在南方茶叶产区可以用茶子饼粉末，撒在畦面，对防治蛞蝓有效。

58 问：白菜上的小黑点用什么药防治？

河北省　网友"强强，衡水，果树种植"

答：李明远　研究员　北京市农林科学院植物保护环境保护研究所

从图片看，大白菜此前应该发生过蚜虫，叶背面的黑点是蚜虫蜜露引起的霉污病，可以不防治。

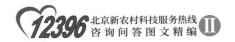
59 问：白菜烂心怎么治？
山东省　网友"你是我的"

答：司亚平　研究员　北京市农林科学院蔬菜研究中心

从图片看，是大白菜软腐病。

夏季高温期播种的栽培型和秋季温暖年份发生较多。另外，低洼地发病多，高地、干燥地发病少。氮肥过多植株徒长、水淹状态及大雨造成伤害的植株发病。

首先要及时拔除病株，病株带到田外处理，并在根穴处及周边用石灰消毒灭菌。然后用农用链霉素、或新植霉素、或DT悬浮剂、或敌克松可湿性粉剂等农药，按照产品说明配制后，浇灌病株及周围植株的根部。

60 问：白菜太小，心不实是怎么回事？
河北省　网友"美好的未来"

答：陈春秀　推广研究员　北京市农林科学院蔬菜研究中心
白菜结球不紧实有以下几种原因造成。

（1）播种过晚，生长期短，积温不够造成结球不紧实。

（2）虽然播种期比较准时，但因光照不足，也会造成结球不紧实。

（3）生长后期，结球期温度、光照不足造成结球不紧实。

（4）肥水不足，特别是结球期干旱、养分缺乏，造成结球不紧实现象。

从以上几个方面找出原因，以后在种植时，加强管理，避免这类事情的发生。

一 种植咨询问题

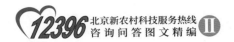

61 问：豆角是怎么回事？
黑龙江 网友"天晴"

答：黄金宝 副研究员 北京市农林科学院植物保护环境保护研究所

从图片看，特别是第一张和第二张，叶脉间失绿明显，可能是缺镁所致。

62 问：打籽西葫芦普遍结果 20cm 长就萎缩，甚至有的不
结瓜，是什么病，怎么防治？

北京市海淀区　网友"东东"

答：李明远　研究员　北京市农林科学院植物保护环境保护研究所

从图片看，是西葫芦病毒病。2016 年比较严重，可能和北方少雨有关。

目前防治病毒病方法：使用抗病品种，再就是消灭传毒虫源。关于使用抗病品种的问题，需要有现成的好品种才行。但是他们是繁种的基地，不可能只种植抗病的，从而利用抗病品种防病难以实现。比较现实的是防介体昆虫传毒，使用网棚是可行的方法。但是，会增加投入。如果算起来还比较可行，应当采用这种方法。如果嫌投入大，效益不好，那真的就难了。

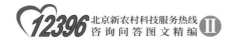

63 问：甜瓜叶子上有白点，是什么病，怎么防治？
北京市　网友"相濡以沫"

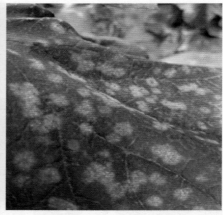

答：司亚平　研究员　北京市农林科学院蔬菜研究中心

从图片看，是甜瓜白粉病。可以在叶面喷洒世高、翠贝等药剂。

64 问：甜瓜上有斑点，怎么回事？
北京市通州区　网友"北京 有机蔬菜 食用菌"

答：黄金宝　副研究员　北京市农林科学院植物保护环境保护研究所

从图片看，可能是细菌性斑点病。可用细菌性药剂防治，如可杀得、多抗霉素等。

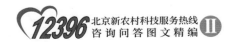

65 问：籽用的南瓜，雌花都凋谢了，雄花还没开，怎么办？

四川省　网友"四川 + 老罗 + 农场"

答：陈春秀　推广研究员　北京市农林科学院蔬菜研究中心

　　从图片看，雌花优于雄花先开，这样所结籽瓜坐果就难了。一般春季雌花容易先于雄花，所以，为了早出雄花就应该在定植后用赤霉素诱导雄花出现。现在再用该方法可能有些晚了，为了避免以后雄花少，也可以喷 1~2 次赤霉素。7 天喷 1 次，浓度 200~400mg/L。现在的雌花可以摘掉，等雄花开后再授粉坐果。

66 问：南瓜秧中部至顶部叶枯萎，为什么？是不是还有病毒病？

北京市平谷区　网友"尹～种植技术员"

答：陈春秀　推广研究员　北京市农林科学院蔬菜研究中心

从图片看，不是病毒病，而是连阴雨天后，突然晴天天气，温度上升，造成叶面失水萎蔫。特别是棚的前部及封口处，表现的更为严重。这几天温度低，棚内湿度大，有些叶片出现了细菌性角斑病。

建议

（1）遇到连阴雨天，突然晴天时，一定要在10：00~14：00适当遮阴1~2天，这样就不会造成植株萎蔫。

（2）晴天后，要进行药剂防治，细菌性角斑病可以用加瑞农，或农用链霉素等药剂喷施。

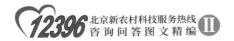

67 问：西兰花叶片打卷、发脆，是怎么回事？

河北省　网友"河北 – 郝 – 西兰花种植"

答：黄金宝　副研究员　北京市农林科学院植物保护环境保护研究所

从图片看，叶片打卷、发脆，应该是生理病害，可从温度、水分、肥料和是否使用生长素（除草剂）等方面考虑。

68 问：莴笋得了什么病，怎么防治？

四川省　网友"骑长颈鹿去兜风"

答：李明远　研究员　北京市农林科学院植物保护环境保护研究所

从图片看，是莴笋菌核病。一般到了晚秋都会发生，在南方有露地蔬菜的地方一直会发生到翌年的春天。

防治措施

（1）在新发生的地区，应及早拔除病株，彻底清除病原菌。

（2）该病寄主广泛，应尽可能地选不敏感的植物与它轮作，如水田、葱类蔬菜。

（3）地膜栽培。可防止子囊盘出土散发孢子，传染病菌。

（4）药剂防治。一般对灰霉病有效的农药都对它有效。如乙烯腐霉力、福美双、抑菌脲、施佳乐、咯菌腈等。

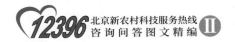

69 问：胡萝卜是什么病，怎么治？

北京市顺义区　石先生

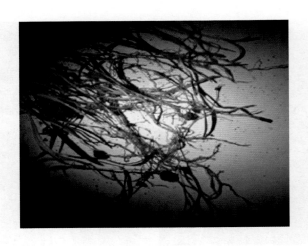

答：李明远　研究员　北京市农林科学院植物保护环境保护研究所

从图片看，是得了根结线虫病。可使用10%噻唑磷液（2kg/亩）灌根。但是，如果根已受伤，将来结出的胡萝卜的商品性有可能受到影响。

70 问：胡萝卜都死了，是怎么回事？
河南省　网友"河南　　向日葵"

　　答：宫亚军　副研究员　北京市农林科学院植物保护环境保护研究所

　　从图片看，应该是猝倒病，该病是由腐真菌侵染所致，高温高湿利于该病发生。

防治措施

　　（1）加强田间管理。出苗后及时剔除病苗。雨后应中耕破除板结，使土质松疏通气，增强瓜苗抗病力。

　　（2）发病初期可喷洒 72.2% 普力克水剂 800~1 000 倍液、38% 恶霜嘧铜菌酯 800 倍液、20% 甲基立枯磷乳油 1 200 倍液，隔 7~10 天喷 1 次。

71 问：秋葵这是怎么了？
北京市　网友"我是个，凡人…づ"

答：黄金宝　副研究员　北京市农林科学院植物保护环境保护研究所

从图片看，第一张照片，是斑潜蝇所致；而第二张可能是锰过剩。

72 问：葫芦是怎么回事？
贵州省 网友"卖豆芽的小三哥"

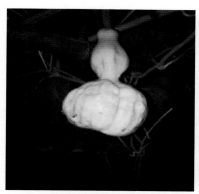 

答：李明远 研究员 北京市农林科学院植物保护环境保护研究所

从图片看，是葫芦坐住后，突然营养供应不足所致。例如，叶片受损，水分、肥料突然供应不足等。

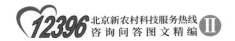

73 问：生菜黑根是什么病，如何防治？

内蒙古　网友"中国"

答：李明远　研究员　北京市农林科学院植物保护环境保护研究所

从图片看，是生菜褐腐病。一般连作的田易有此病。可用多菌灵 500~1 000 倍液灌根。将药液配好，装在压缩式喷雾器中，用摘掉旋水板的喷头逐株喷浇。视植株大小每株 50~100 mL。

74 问：生菜出现断根，前期叶片发黄，一碰就断了，怎么解决？

北京市　网友"好运"

 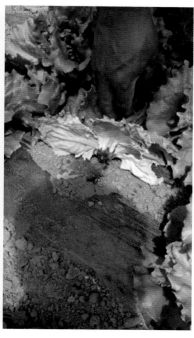

答：黄金宝　副研究员　北京市农林科学院植物保护环境保护研究所

从图片看，不像是传染病，而是生理病害，可能与整地时使用的粪不腐熟或使用不均或施肥有关。可找到相似植株，将黄叶打掉，对其周围松土后浇清水，可能会缓解。

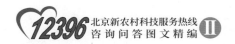
75 问：油菜是什么虫为害的，怎么防治？
北京市平谷区　网友"尹～种植技术员"

　　答：李明远　研究员　北京市农林科学院植物保护环境保护研究所

　　从图片看，是黄条跳甲。可使用噻虫嗪（阿克泰）进行防治。因其是从附近的草地迁移来的，防治时，应当考虑到，将周边的草地一起来用药。

76 问：空心菜黄叶，怎么治？

北京市平谷区　网友"尹～种植技术员"

答：陈春秀　推广研究员　北京市农林科学院蔬菜研究中心

从图片看，空心菜是缺氮肥。建议可以用叶面肥补充氮肥。土壤黏重，根系发育不好，影响肥力吸收，建议行间注意中耕。

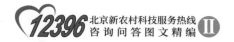

77 问：芹菜新叶不展，怎么回事？

河南省　网友"小马种植"

答：李明远　研究员　北京市农林科学院植物保护环境保护研究所

芹菜叶子不长有多种情况。如得了病毒病、蚜虫的为害、根结线虫、前期生长条件恶劣等。从图片根部的情况看，不是线虫，更像是前期生长条件不良。如果是这样，可再观察几天，有可能就过去了。

78 问：芹菜是什么病，怎么防治？
安徽省　网友"前缘"

答：李明远　研究员　北京市农林科学院植物保护环境保护研究所

从图片看，发生的是芹菜叶斑病（又称早疫病）。一般夏秋较易发生。可使用福美双、甲基硫菌灵、世高等农药防治。

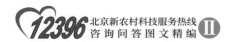
79 问：芹菜叶子发皱、发黄，是病毒病，还是生理原因？

北京市海淀区　陈女士

答：李明远　研究员　北京市农林科学院植物保护环境保护研究所

芹菜叶子发皱，有时是蚜虫的为害。不过从图片看，芹菜叶子不光是皱，还有变黄，特别是嫩叶发皱发黄，是病毒的可能较大。

80 问：韭菜叶片上有很多小白点，还有黑色的点，是怎么回事？

北京市平谷区　网友"尹～种植技术员"

答：李明远　研究员　北京市农林科学院植物保护环境保护研究所

从图片看，韭菜上的白点是蓟马的为害状。上面的黑点是蓟马的排泄物。

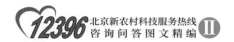

81 问：蚕豆上是什么虫子，怎么防治？

陕西省　网友"小呼—陕西榆林"

答：陈春秀　推广研究员　北京市农林科学院蔬菜研究中心

从图片看，是蚜虫（俗称：腻虫）。可用 5% 吡虫啉乳油 1 500~3 000 倍液防治。

82 问：苏子顶叶有些叶片皱缩，怎么防治？

重庆市　网友"重庆攀富果蔬肖（中药材种植链）"

答：李明远　研究员　北京市农林科学院植物保护环境保护研究所

从图片看，可能是得了一种虫传的病毒病。间作在玉米中的苏子，得到了玉米植株的保护，出现叶片皱缩的情况就少一些，这也符合病毒病发生的规律。

防治措施

（1）种植抗病毒病的品种。

（2）早期防治传毒昆虫。如果是蚜虫传毒，就应当将迁飞来的蚜虫，消灭在苏子地以外。

（3）采用和玉米间作的方式种植苏子，取得他们的保护。

（4）发病初开始，使用吗啉胍铜，喷洒2~3次。降低植株的发病程度。

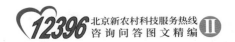
83 问：花椒不断的干枯，根好像没有死，来年从根部发芽，但仍出现干枯，是什么病？

陕西省　网友"疏桐潇雨"

答：鲁韧强　研究员　北京市林业果树科学研究院

从图片看，是属于早期落叶病，可打一下杀菌的药试试，如多菌灵。

84 问：花椒树上是什么虫子，怎么防治？

云南省　网友"普洱 – 思茅 – 老山羊"

答：李明远　研究员　北京市农林科学院植物保护环境保护研究所

从图片看，是蜡象，很好防，用敌百虫、吡虫啉防治就行。

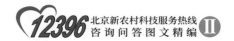

85 问：花椒苗根上部枝杆皮破开是青绿的，根部发黄，怎么回事？

湖北省　王先生

答：鲁韧强　研究员　北京市林业果树科学研究院

从图片看，不像病害，主要是根系失水问题。这种失水苗木需要在栽前浸泡 24 小时，使其充分吸水后再选好苗定植。对较差的苗木先密栽假植，翌年再将活苗移栽定植，比较省工，且有把握。

问：蔬菜大棚里好多这种草，怎么办？

吉林省　网友"吉林省白城市镇来县蔬菜合作社"

答：李明远　研究员　北京市农林科学院植物保护环境保护研究所

　　从图片看，这种草叫牛繁缕。可在换茬的时候铺上塑料膜让它长出，然后拔掉清除干净。蔬菜栽前、播后使用48%地乐胺乳油做芽前处理。每亩300mL。

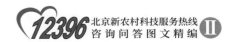

 问：用废弃蘑菇菌棒进行发酵后种植的黄瓜苗都死了，是怎么回事？

河北省　网友"王－蔬菜种植"

答：张宝海　研究员　北京市农林科学院蔬菜研究中心

从图片看，纯菇料或没有发酵处理的菇料直接种植，可能有问题。此外，用旧农膜隔离土壤后浇水过大，不能渗出，造成黄瓜苗沤根，也可以造成瓜苗死亡。

答：李明远　研究员　北京市农林科学院植物保护环境保护研究所

从图片看，这种蜗牛，学名叫蛞蝓。可以使用"密达"诱杀。密达是一种蓝色的颗粒（毒饵），白天撒在田间，晚上蛞蝓就会出来取食，达到杀虫的作用。在南方茶叶产区可以用茶子饼粉末，撒在畦面，对防治蛞蝓有效。

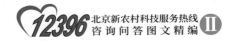
二、果树

01 问：刚栽的苹果树苗是怎么回事？
山东省　网友"李—苹果种植"

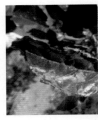 

答：徐筠　高级农艺师　北京市农林科学院植物保护环境保护研究所

从图片看，为苹果斑点落叶病。

防治措施

（1）农业防治。及时中耕锄草，疏除过密枝条，增进通风透光。落叶后清洁果园，扫除落叶。

（2）药剂防治。重点保护春梢叶，根据春季降雨情况，从落花后 10~15 天开始喷药，喷洒 3~5 次，每次间隔 15~20 天。秋梢生长初期 6 月底至 7 月初喷 1 次。效果较好的药剂有：1.5% 多抗霉素水剂 300 倍液，10% 多氧霉素 1 000~1 500 倍液，4% 农抗 120 果树专用型 600~800 倍液，以上 3 种药属生物制药，对果树真菌性病害具有治疗效果，是发展绿色有机农业的首选绿色农药，多年使用病菌无抗性。5% 扑海因可湿性粉剂 1 000 倍液，70% 三乙膦酸铝和代森锰锌合剂 800 倍液或 70% 代森锰锌可湿性粉剂 500 倍液。

02 问：苹果树为什么春天基本正常，慢慢变黄，8—9月
后为什么就好点了？

北京市延庆区　网友"延庆有机果园_李"

答：鲁韧强　研究员　北京市林业果树科学研究院

从图片看，苹果树新梢叶片发黄是缺铁症。每到雨季土壤透气
差，根系吸收能力减弱，而新梢生长又快，加剧了缺铁症的表现。
注意大雨后松土透气，结合喷施螯合铁叶面肥矫正。

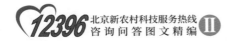

03 问：苹果树老叶干边是怎么回事？

北京市密云区　网友"北京密云西邵渠福斯苹果"

答：鲁韧强　研究员　北京市林业果树科学研究院

从图片看，苹果树是缺钾造成的，现在可以喷硫酸钾、氯化钾、硝酸钾等叶面肥；秋天可施钾肥。

04 问：果园里很多早熟苹果蜜翠，是怎么回事？

山东省　网友"单飞的候鸟"

答：李兴红　研究员　北京市农林科学院植物保护环境保护研究所

从图片看，苹果可能是成熟过度，衰老发绵。

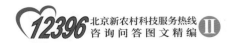

05 问：苹果被茶翅蝽叮的厉害，怎么防治？
河北省　杜先生

答：徐筠　高级农艺师　北京市农林科学院植物保护环境保护研究所

苹果园的茶翅蝽主要以迁入成虫为害为主，在 6 月初药剂防治越冬代卵和第一代初孵若虫的方法效果不好的情况下，可采用以下防治措施。

（1）减少苹果园周围成虫数量。在秋冬季人工大量捕杀果园周围房檐下、墙壁上、背风向阳坡地、周围一些槐树、杨树、泡桐树枝叶上群集的茶翅蝽越冬成虫。

（2）毒饵诱杀。蜂蜜 20 份，水 19 份，灭扫利 1 份，混合后涂抹在周围一些槐树、杨树、泡桐等树 2~3 年枝条上，药效 10 天左右。

（3）套大袋。让果实在袋中悬空生长。

06 问：苹果树腐烂病怎么防治？

陕西省 网友"邱"

答：徐筠 高级农艺师 北京市农林科学院植物保护环境保护研究所

苹果树腐烂病可以从以下几方面防治。

（1）加强栽培管理，科学施肥浇水，立秋后施有机肥，合理修剪，适量留果，增强树势，以提高抗病力。

（2）对修剪后的大伤口，及时涂抹油漆或动物油，以防止伤口水分散发过快而影响愈合。

（3）从幼树期开始，坚持每年树干涂白，防止冻伤和日灼。

（4）全年经常检查，发现病疤及时刮除，刮后涂腐必清 2~3 倍液，或 5% 菌毒清水剂 30~50 倍液，或 2.12% 的 843 康复剂 5~10 倍液等，每隔 30 天涂一次，共涂 2~3 次，坚持涂 2 年。

（5）每年春季发芽前喷 5° 石硫合剂，生长季喷施杀菌剂时要注意全树各枝干上均匀着药。

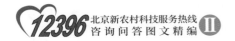

07 问：苹果是什么病？

吉林省　网友"秋天雨苹果桃李子"

答：李兴红　研究员　北京市农林科学院植物保护环境保护研究所

从图片看，是苹果褐斑病，也可能混有苹果斑点落叶病。可以通过喷施苯醚甲环唑或戊唑醇或多抗霉素等药剂进行防治，注意提前预防。

08 问：9 年的短枝富士苹果是怎么回事？

河北省　网友"小林子🌿果树种植🌿"

答：鲁韧强　研究员　北京市林业果树科学研究院

从图片看，苹果表皮裂小口属裂果现象。这种裂果是由果皮老化与吸水不均衡引起的。短枝富士树势较弱，弱树根系吸水能力差，果皮易老化，遇连阴雨果实吸水膨胀，使果皮不相适应而裂口。就单个果实来说，梗洼处易存雨水，果肩部位膨大快裂口就更明显。

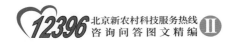
09 问：苹果树花叶是什么病，怎么防治？

河北省　网友"紫日《苹果'梨'桃》种植"

答：鲁韧强　研究员　北京市林业果树科学研究院

从图片看，是苹果树花叶病毒症状。总的讲没有太好办法，但施用木美土里菌肥可以消除叶片花叶和果实花脸症状，可以一试，但目前机理尚不清楚。苹果花叶病叶面喷"氨基寡糖素"也有一定效果。同时，可增强作物免疫力。地上地下一齐上措施，不管什么病毒病或类植原体病，刨掉最彻底。但苹果花叶病致病较缓和，不像枣疯病那么剧烈，还能结果，在生产中很难刨树。现报导木美土里菌肥施肥可消除花叶病，又有报导氨基寡糖可治苹果花叶病，并列入治作物病毒病的生物药，它可钝化病毒并增强作物免疫力，蔬菜病毒病用得较多。如果这两种制剂结合用，也可能为防治果树病毒病找到一个生产可接受的新方法。

10 问：苹果出现这种情况是怎么回事？

河北省 网友"强强 果树种植"

答：鲁韧强 研究员 北京市林业果树科学研究院

从图片看，是苹果的裂果现象。原因有 2 种：一是品种问题，个别品种在正常年景果实膨大期后果皮出现小裂纹；二是果实膨大前土壤干旱造成的。若果实生长中期灌水不及时，使果皮过早角质化，不能适应果实膨大需求，特别是在果实成熟期含糖量高，遇雨更易多吸收水分，使老化的果皮适应不了果肉吸水膨胀的程度而开裂。

11 问：梨个别树上叶片正面有褐色的斑点，背面有一层白色的东西，是什么病？怎么防治？

北京市房山区　李先生

答：李兴红　研究员　北京市农林科学院植物保护环境保护研究所

从图片看，是梨黑斑病。在田间开始有少量斑点时开始用药，药剂可选用代森锰锌或苯醚甲环唑等，同时，清除掉田间落叶对病害也有减轻作用。

12 问：梨树叶片上白粉病，怎么防治？
北京市密云区　王先生

答：徐筠 高级农艺师　北京市农林科学院植物保护环境保护研究所

梨白粉病菌在树体芽内越冬，春天随着树芽萌发病菌生长、繁殖，新梢及叶片表现产生白粉。

防治措施

在早春病梢刚出现时喷药1次，都有良好防效。可使用的农药品种有：20%粉锈宁乳剂1 500~2 000倍液、40%福星8 000~10 000倍液、10%世高水分散粒剂5 000倍液、40%晴菌唑可湿性粉剂8 000倍液。

秋天白粉病发生很严重，可选择以上药剂喷1次，能控制病情进一步发展，但被害状不能清除了。

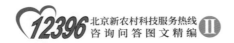

13 问：梨是什么毛病，怎么防治？

江苏省　网友"江苏－海安紫桃"

答：鲁韧强　研究员　北京市林业果树科学研究院

从图片看，梨果上的病为黑斑病。梨果面的凹凸不平，应为幼果期蝽象为害的症状。连阴雨天气极易造成病害的发生，应在晴天后立即喷杀菌剂加 2 000 倍有机硅进行防治。有机硅具有极强的展着渗透能力，喷后 4 小时后再下雨，都能有很好的防护效果。

14 问：梨树死叶子，根部出问题，怎么防治？
北京市　网友"桃木春秋"

答：鲁韧强 研究员　北京市林业果树科学研究院

从图片看，梨树干茎部位的红色毡状物，是紫纹羽病。这种病菌发展很快，严重时，根系也会染病腐烂而枯死。

防治措施

用刀具将紫纹羽菌丝体剥除干净后，用波美5°石硫合剂消毒，或用甲基托布津或多菌灵喷布清除菌丝的干部。最好改成树下起垄，使树干周围土壤保持干燥，改树下畦灌为行间灌水，即可避免菌丝蔓延致干茎，又可防止病菌的快速传染。

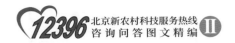

15 问：有几棵九号桃，有的枝杈没有叶，是怎么回事？
北京市平谷区　马先生

答：鲁韧强　研究员　北京市林业果树科学研究院

从图片看，桃树有的果枝没有叶属正常情况。桃树果枝分为长、中、短和花束状四类果枝。没侧叶的果枝为花束状果枝，其所有侧芽都形成了花芽，只有顶芽是叶芽，开花时，像一束花，所以，称花束状果枝。形成花束状果枝多，与品种和树势有关。北方品种群的桃树和长势弱的桃树，形成花束状果枝就多。九号桃短果枝和花束状果枝结果很好。

16 问：桃树冻害引起的坐果率特别低，如何解决？

山东省　网友"一介农夫"

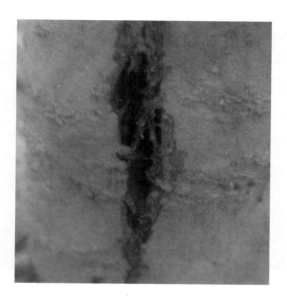

答：鲁韧强　研究员　北京市林业果树科学研究院

从图片看，桃树干纵裂，是太阳辐射引起的。冬春季节，阳光强烈，昼夜温差大，白天中午前后主干南向树皮升温膨胀，到太阳落山后树皮迅速冷缩，由于木质与皮层质地差异大，使皮层缩扯开裂缝，严重时，可深入木质部。

解决方法

在入冬前和早春，进行主干涂白，防止树干开裂。如果是冻害，应发生在主干北侧根茎以上部位。

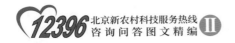

 17　问：桃树叶片发黄，并有红斑是怎么回事？
河南省　网友"平顶山刘 – 桃树种植"

答：鲁韧强　研究员　北京市林业果树科学研究院

从图片看，桃幼树叶片发黄是缺铁症，叶片上的红斑是桃细菌性穿孔病。

18 问：桃果上是什么病？
北京市 平谷区 张先生

答：鲁韧强 研究员 北京市林业果树科学研究院

从图片看，桃果是黑星病。

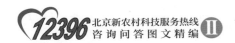

19 问：桃树桑白蚧有什么特效药吗？
广西壮族自治区　网友"广西小成"

答：宫亚军　副研究员　北京市农林科学院植物保护环境保护研究所

桑白蚧可用40%速扑杀乳油1 000~2 000倍液喷雾进行防治，但此药属有机磷类，毒性比较高，早期可用，安全间隔期要尽量时间长一些。

20 问：桃果上有黑斑，是什么病，如何防治？
山东省　网友"一介农夫"

答：鲁韧强　研究员　北京市林业果树科学研究院
从图片看，是桃疮痂病。

防治措施

主要依靠农药，可使用的农药有：40% 福星乳油 8 000 倍、10% 世高水分散剂 5 000 倍、40% 腈菌唑可湿性粉剂 8 000 倍。在 5 月下旬、6 月上旬各喷 1 次。

另外，80% 大生 600 倍、代森锰锌 500 倍、70% 甲基托布津 1 000 倍、50% 多菌灵 500 倍液也可用于防治桃疮痂病。一般从落花后 7~10 天幼果期首次喷药，按 15 天喷 1 次，延续到采果前 15 天。

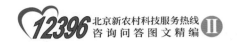

问：桃树上流水是怎么回事？如何防治？

河北省　网友"真诚的人"

答：徐筠　高级农艺师　北京市农林
科学院植物保护环境保护研究所

从图片看，桃树上流水是桃树流胶
病。桃树枝干流胶病致病菌是真菌，来自
枝条枯死部位，经风雨传播，由皮孔侵入
进行腐生生活，待树体抵抗力降低时向皮
层扩展，翌年春枝干含水量降低，病菌扩
展加速直达木质部，被害皮层褐变死亡，
树脂道被破坏，树胶流出。

防治措施

（1）树干涂白。此法可以防止树干冻伤、晚霜、抽条、日灼。

涂白剂的制作方法及使用方法：生石灰10份、石硫合剂2
份、食盐1份、油脂（动植物油均可）少许、黏土2份、水40
份，搅拌均匀后进行树干涂白。涂白部位主要是树干基部（高度在
0.6~0.8m为宜）和果树主枝中下部、有条件的可适当涂高一些则
效果更佳。涂白每年进行2次。分别在落叶后和早春进行。早春涂
白时间的确定条件是在涂后晾干前不结冰的前提下，越早越好，新
栽植的树木应在栽后立即涂。

（2）防治枝干流胶病关键技术是培养壮树，加强栽培管理，做
好防冻、防日灼、防虫蛀等，用药只是辅助手段。对流胶过多的枝
干无保留价值，对少数胶点的枝干将病皮刮除后，涂百菌清50倍
或菌毒清10倍，连续涂2~3遍，间隔20天，连涂2年。

22 问：桃树钻心虫太多了，怎么办？

北京市大兴区　网友"吝啬鬼"

答：徐筠　高级农艺师　北京市农林科学院植物保护环境保护研究所

从图片看，是梨小食心虫幼虫。梨小食心虫又名桃折梢虫，简称梨小。见到新桃枝梢折断就是梨小第一代发生期，一年发生3~4代。前期主要蛀食桃新梢，后期蛀食桃、杏、李、梨、苹果等果实。

防治措施

（1）避免桃梨混栽。

（2）在桃园5—6月应每天人工剪除被害桃梢。

（3）套袋。

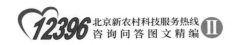
（4）发现桃梢被害折断或成虫发生期用梨小性诱剂诱杀成虫和测报。诱杀：每50株树挂一诱捕器。测报：全园挂3个诱捕器。7月以前将其挂在桃园，后期挂在梨园。利用昆虫性外激素诱芯进行测报，方法简单易行，灵敏度高。将市售橡胶头为载体的性诱芯，悬挂在一直径约20cm的水盆上方，诱芯距水面2cm，盆内盛清水加少许洗衣粉。然后将水盆诱捕器挂在果园里，距地面1.5m高。自4月上旬起，每日或隔日记录盆中所诱雄蛾数量。一般蛾峰后1~3日，便是卵盛期的开始，马上安排喷药。在蛾（成虫）高峰期喷25%灭幼脲1 500~2 000倍液两遍或菊酯类杀虫剂。梨小诱芯中国科学院动物所、各区县植保站有售。

23 问：桃树叶子卷是怎么回事？
贵州省　网友"拉丁香"

答：鲁韧强　研究员　北京市林业果树科学研究院

从图片看，桃树卷叶是上了桃瘤蚜，应抓紧防治。

防治措施

（1）开花前。选择喷洒 10% 吡虫啉可湿性粉剂 3 000 倍液；20% 啶虫脒 3 000 倍（高温效果好）；有机果园可选择 0.36% 苦参碱水剂 1 000 倍液；苏云金杆菌悬浮剂（BT 杀虫剂）150 倍液。

（2）落花后 10~15 天，细致地喷洒啶虫脒（高温效果好）3 000 倍液，或吡虫啉可湿性粉剂 3 000 倍液（注意吡虫啉对小幼桃有疏果作用）。

（3）防治桃瘤蚜可采取人工剪虫梢和喷药相结合的方法。

一

种植咨询问题

24 问：晚上出来吃桃树叶，是什么虫？用什么药？
安徽省　网友"安徽吕－桃农"

答：徐筠　高级
农艺师　北京市农林
科学院植物保护环境
保护研究所

从图片看，是黑
绒金龟子，别称东方
绢金龟、天鹅绒金龟
子，东方金龟子。

防治措施

（1）挂糖醋瓶。按红糖0.5份、食醋1份、白酒0.2份、水10份的比例混匀制成糖醋液。每亩挂5~10个装有100g左右糖醋液的罐头瓶，金龟子觅食糖醋液时即被淹死。隔3~5天更新1次新液，再行诱杀。

（2）地面喷药，控制潜土成虫。常用5%辛硫磷颗粒剂，45kg/hm^2。撒施，使用后及时浅耙，或在树穴下喷40%乐斯本乳油300~500倍液。

（3）树上喷雾。常用2.5%敌杀死3 000倍液、50%辛硫磷1 000倍液。

（4）刚发芽的小桃苗给整树套袋，为害期过后再拆袋。

25 问：桃树上很多这种虫，要打什么药？
贵州省　网友"拉丁香"

答：徐筠　高级农艺师　北京市农林科学院植物保护环境保护
研究所

从图片看，是甲虫类。

防治措施

（1）人工捕杀。利用昆虫假死性，在太阳出来前，树下铺塑料
膜人工震树捕杀。

（2）地面喷药，控制潜土成虫。常用5%辛硫磷颗粒剂，45kg/
hm^2。撒施，使用后及时浅耙，或在树穴下喷40%乐斯本乳油
300~500倍液。

（3）树上喷雾。常用2.5%敌杀死3 000倍液、50%辛硫磷
1 000倍液。

（4）刚发芽的小桃苗给整树套纸袋，为害期过后再拆袋。

一

种植咨询问题

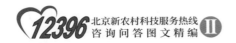
26 问：桃裂核是怎么回事？

安徽省 网友"砀山–勇往直前"

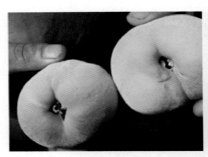

答：鲁韧强 研究员 北京市林业果树科学研究院

从图片看，桃的裂核主要是果实过度膨大造成的。在生产中长放果枝或盛果期树枝头果枝上留桃少，由于其多得养分，易在果实膨大期横向生长迅速，将果核撑开。生产上对易产生裂核的桃品种，注意对长放果枝和枝头附近果枝适当多留果，减少超大果实的生产，就会克服桃裂核现象。

问：油桃为什么裂果？

河北省　网友"冀－小彭－农场"

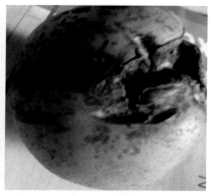

答：鲁韧强　研究员　北京市林业果树科学研究院

油桃表皮无毛易角质化，果皮老化后膨缩性变小，遇雨或灌大水后果皮不能适应果肉的膨大，即产生裂果。生产中注意果实发育期的土壤水分，避免干旱造成果皮老化，或进行果实套袋使果皮软化，都可克服裂果。

28 问：桃树叶子卷是怎么回事？
吉林省　网友"吉林市桃种植李"

答：王小伟　推广研究员　北京市林业果树科学研究院

从图片看，桃树卷叶的原因如下。

（1）有可能是桃苗重茬种植造成的。

（2）氮肥施用过多，影响对钾的吸收；土壤本身缺钾。

补救措施

结合秋施基肥或生长季追肥时，增加硫酸钾的施用量，每亩土施 3~5kg。提倡在生长季叶面喷施 2% 草木灰浸出液或 0.3% 磷酸二氢钾。

29 问：桃树叶缘内卷是怎么回事？

北京市门头沟区　网友"苹果种植户"

答：徐筠　高级农艺师　北京市农林科学院植物保护环境保护研究所

从图片看，桃树卷叶是有了桃瘤蚜。最好的方法是人工剪叶，彻底清除虫源，深埋，新叶发出前打杀蚜虫的药。喷杀蚜虫剂时建议加有机硅表面活性剂，可提高药剂效果。

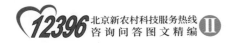

30 问：桃树是什么问题？

河北省　网友"男人就是累"

答：徐筠　高级农艺师　北京市农林科学院植物保护环境保护研究所

从图片看，桃树是流胶病。

桃树流胶病分为真菌性、非传染性生理和细菌性流胶病 3 种。

一是真菌性流胶病，表现为：病部枝干皮层呈疣状隆起或在皮孔周围出现凹陷病斑，从皮孔渗出胶液，常导致枝干枯死。

二是生理性流胶病，表现为：树皮开裂渗出胶液，流胶量大而多，胶液下病斑皮层变褐坏死。由病虫伤、机械伤，雨水多，土壤过湿、黏重，定植过深，追肥不当，结果过多等均可引起发病。

三是细菌性穿孔病也可以引起流胶病的发生。

防治措施

防治枝干流胶病的关键技术是培养壮树，用药只是手段。

（1）重视增施有机肥（每年8月底前施），严格控制氮肥过量，可按氮、磷、钾2：1：2的比例施肥。

（2）冬、春两季树干刷白，预防冻害和日灼伤，生石灰10份、石硫合剂2份、食盐1份、植物油0.3份、水40份，搅拌均匀后进行树干涂白；加强对桃天牛、桃蚜、桃瘤蚜、根系病害等病害虫防治，减少虫伤为害树皮。结合冬季修剪，刮除病斑。冬季需剪除病枯枝干，集中烧毁。

（3）防止结果过量，做好疏花疏果。如果去大枝，应在采果后进行，并及时对伤口涂抹2%农抗120水剂10倍液。

（4）避免在黏土、低洼潮湿的地方种植，排水要好，雨季不能积水，干旱时小水常浇。

（5）化学防治。用药预防侵染，作用有限。

①5月中下旬，对少数流胶部位，刮除病皮后，用75%百菌清100倍液、45%果腐速克灵水剂5倍液、噻唑锌100倍液＋腐必清100倍、5~10倍果富康、50倍杀菌优等涂抹伤口，7月上旬再涂1次，连治2年。对流胶过多的枝干则无保留价值。

②真菌性流胶病和细菌性穿孔病发病初期即落花后7天，结合防治叶片真菌穿孔病果实疮痂病，树上喷药首先选择72%农用硫酸链霉素可溶性粉剂3 000倍液。其他选择80%福星8 000倍液、10%世高5 000倍液、65%代森锌400~500倍液、80%大生600倍液或75%百菌清800倍液，每隔15天喷1次，连喷2~3次，交替使用上述药剂。

 问：桃树叶片边缘红色，向内卷是怎么回事？

广西壮族自治区　网友"广西　小成"

答：王小伟　推广研究员　北京市林业果树科学研究院

从图片看，发生的可能原因如下。

（1）氮肥施用不当。如追肥时离根过近，局部量过大。

（2）缺钾。南方土壤酸性，易缺钾，可找几棵树施钾肥试试。

32 问：桃树串皮虫怎么防治？
北京市顺义区　网友"zhangna"

　　答：宫亚军　副研究员　北京市农林科学院植物保护环境保护研究所

　　串皮虫是一种吉丁虫，通常一年发生2代，由于它是在树皮下钻蛀，幼虫比较难防，最好的防治时期是每年8月成虫发生期，可用2.5%溴氰菊酯4 000倍液，90%敌敌畏1 500倍液整园喷雾，也可用50%杀螟松100倍液涂抹树干、粗皮和疤痕的地方，杀灭卵和初蛀入幼虫。

33 问：桃树新叶发黄，怎么回事？

陕西省　网友"诚信为贵"

答：王小伟　推广研究员　北京市林业果树科学研究院

从图片看，是缺铁造成的。主要原因是土壤碱性偏高，造成土壤内的铁不能被根系吸收。

防治措施

（1）喷施铁肥。铁肥以硫酸亚铁为主。在萌芽前喷施，浓度1%左右。在果树生长期喷施，浓度为0.3%~0.5%，症状严重时可多喷几次。

（2）埋瓶法。早春埋瓶效果最佳。果树刚刚萌芽时，将浓度为0.1%~0.3%的硫酸亚铁溶液，装在洗净的瓶中备用。在离主干1m处挖土露出根来，选直径5mm粗的根，将根切断后插入装有硫酸亚铁溶液的瓶内，然后用土埋好。株埋4~6瓶即可。

（3）增施有机肥。有机质分解过程中产生的有机胶体，能活化和吸附土壤中有效铁离子，供果树吸收利用。

34 问：桃树叶子边缘发黄，新叶片上少，老叶片上多，能治吗？

北京市平谷区　网友"紫日"

答：鲁韧强　研究员　北京市林业果树科学研究院

从图片看，桃树新梢生长正常，但老叶片叶缘发黄，这种现象很少见。仔细观察叶脉间还有隐现失绿症状，可能在生长前期阶段缺镁和硼元素造成的。可在叶面喷 0.2% 硫酸镁加 0.3% 硼砂。

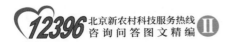

35 问：桃树叶片发红，怎么回事？

河北省　网友"原生态种养园"

答：鲁韧强　研究员　北京市林业果树科学研究院

从图片看，桃树叶片是缺锰造成的，可以喷 0.3% 的硫酸锰。

36 问：油桃落叶且枝条上有斑点，连续 2 年有这种症状，是什么病，怎么防治？

河北省　网友"秦皇岛老孙"

答：鲁韧强　研究员　北京市林业果树科学研究院
　　李兴红　研究员　北京市农林科学院植物保护环境保护研究所

　　从图片看，可能是桃斑点落叶病引起的，可喷多抗霉素防治；将落叶、病枝等组织剪掉处理，统一销毁。另外，要加强栽培管理使树势强壮。

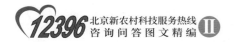

37

问：桃上有斑点是怎么回事？

北京市平谷区　马先生

答：李兴红　研究员　北京市农林科学院植物保护环境保护研究所

从图片看，桃上的斑点可能是瘿螨为害的。

38 问：桃果上有坑，是什么病？

北京市平谷区　马先生

答：李兴红　研究员　北京市农林科学院植物保护环境保护研究所

从图片看，可能是瘿螨为害的。您在凹陷处用刀切开看看是否有硬块，若有硬块，就是蝽象为害，无硬块的话是瘿螨为害。

一

种植咨询问题

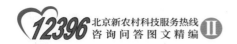

39 问：桃树叶子内卷，怎么办？

河北省　网友"保定市曲阳县 小侯"

答：王小伟　推
广研究员　北京市林
业果树科学研究院

从图片看，后期
长出的新梢叶发黄焦
边是缺铁的症状，主
要原因是土壤碱性偏
高，造成土壤内的铁
不能被根系吸收。

防治方法

（1）喷施铁肥。
铁肥以硫酸亚铁为主，如在萌芽前喷施，浓度1%左右；在生长期
喷施，浓度为0.30%~0.50%，症状严重时，可多喷几次。

（2）埋瓶法。早春埋瓶效果最佳。在树刚刚萌芽时，将浓度为
0.10%~0.30%的硫酸亚铁溶液，装在洗净的瓶中备用。在离树干
1m处挖土露出根来，选直径5mm粗的根，将根切断后插入装有
硫酸亚铁溶液的瓶内，然后用土埋好。每株埋4~6瓶即可。

（3）增施有机肥。有机质分解过程中产生的腐殖胶体，能活化
和吸附土壤中有效铁离子，供树体吸收利用。

40 问：桃树上长的是什么虫，怎么防治？
贵州省　网友"拉丁香"

答：徐筠　高级农艺师　北京市农林科学院植物保护环境保护研究所

从图片看，桃树被害状是金纹细蛾（桃潜叶蛾）为害所致。据报道，金纹细蛾在北京地区一年发6代，河南一年发7~8代。一般在3月下旬桃树花芽萌动膨大期、日均温达10℃时，越冬代成虫出蛰。

防治措施

（1）花前防治（桃树花芽萌动膨大期）。此时，出蛰越冬成虫群集于桃树主干及主枝上尚未产卵，花期防治对当年虫口及为害程度可起决定作用。

（2）第一代幼虫防治（桃树春梢展叶期）。此时，新梢较短，叶片少，喷药效果好。

可选用25％灭幼脲三号1 500倍液、20％抑宝（灭幼脲六号）1 500~2 000倍液、20％杀铃脲悬浮剂5 000~8 000倍液、5％抑太保乳油1 000~1 500倍液等喷雾。

41 问：桃树上是茶翅蝽吗？怎么防治？
河南省 网友"平顶山刘先生桃树种植"

答：徐筠 高级农艺师 北京市农林科学院植物保护环境保护研究所

从图片看，害虫可能是茶翅蝽。一年1代，以成虫在果园附近建筑物上缝隙中过冬，有的在树洞、草堆、石缝等隐蔽背风处潜伏越冬。北方4月中下旬出蛰，5月中下旬迁入果园为害，6月上旬越冬成虫开始交尾产卵，卵多产于叶片背面，集中成块，排列整齐，略呈圆形，每块20~30粒不等，卵期约1周，7月卵陆续孵化。初孵幼虫群居卵块周围，幼虫发育到3龄后分散取食。成虫发生期在8月，继续在果园内为害果实。9月中下旬至11月，陆续潜入越冬场所。

防治措施

（1）人工捕杀越冬场所成虫，剪除田间卵块和幼龄若虫。

（2）实行套袋栽培，自幼果期即开始套袋，防止蝽象等为害。

（3）关键是适时防治，在若虫发生期（约6月5日）喷药防治，药剂有20%速灭杀丁、2.5%功夫菊酯、2.5%溴氰菊酯等2 000倍液。

42 问：桃树重茬育苗容易生病，如下图，该产品对桃树抗重茬有作用吗？

江苏省　网友"江苏－海安紫桃"

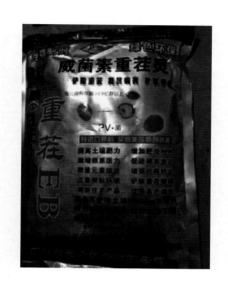

答：鲁韧强　研究员　北京市林业果树科学研究院

作物重茬的主要是由土壤微生态失衡、根系分泌的化感物质、病原菌及线虫的为害造成的。桃树定植时多施些秸秆肥、牛粪和抗重茬菌剂对克服桃重茬有很好作用。"威菌素重茬灵"等有益菌类制剂，可对土壤微生态平衡起作用，但关键是要施用足够的菌量，才有作用。如有经济条件，对一些抗重茬菌剂加倍施用，有益无害。

43 问：桃苗如何安全越冬？

河北省　网友"保定市曲阳县 小侯"

答：鲁韧强　研究员　北京市林业果树科学研究院

从图片看，是夏季刚嫁接的桃苗，生长不很充实，但桃树新梢角质层发达，越冬不易抽条，只要灌足冻水，不用采取其他措施即可安全越冬。

问：桃着色不好，怎么回事？
北京市平谷区　马先生

答：鲁韧强　研究员　北京市林业果树科学研究院

桃果着色是在光照条件下形成较多花青素，使果面着红色甚至紫色。但花青素的形成需要一定温度，温度过低或过高，都影响花青素的形成。特别是向阳面的果实被太阳直射，温度过高时，就会褪色，甚至发生果实日灼病。

45 问：桃子这么大，需要施什么肥料？
江苏省　网友"江苏－海安紫桃"

　　答：鲁韧强　研究员　北京市林业果树科学研究院

　　从图片看，桃现在这么大，应抓紧疏果。桃树新梢生长较弱，可追施硫铵复合肥；待桃长到约核桃大小时，即进入桃的硬核期，应以硫酸钾肥为主。

46 问：桃树和梨树苗约 2cm 粗，1.8m 高，亩 220 棵，第一年挂果，需注意什么？

河南省　网友"盛军 桃.梨树.苗木推广"

答：王小伟　推广研究员　北京市林业果树科学研究院

及时疏果，保证果品质量和合理的负载量，注意留果部位，强旺枝适当多留果。树冠上部适当多留，特别是梨树，用留果量控制上强。

47 问：李子树和桃树叶片黄白色，果实发育不良，是什
么病？
北京市　网友"兵临城下"

答：鲁韧强　研究员　北京市林业果树科学研究院

从图片看，李树得了叶斑病，病害程度很严重，一般会落叶，
果实也会上病斑。应抓紧防治以保护未染病叶片。同时，果实保留
的相对较多，翌年应进行疏花疏果，减轻负载量，既增强树势又提
高果实品质。

桃树是明显的缺铁症，但不很严重。进入雨热季节，桃树新梢
生长快，土壤含水高和雨后表土板结，都会抑制根系呼吸，削弱对
养分的吸收，严重时，下一次雨新叶黄一次。根据现在桃树的情
况，对树下进行松土即可使叶片转绿。也可结合喷药添加含铁叶面
肥矫正。

48 问：桃果上是什么虫，怎么防治？
　　　　河北省　网友"涿州果树"

　　答：宫亚军　副研究员　北京市农林科学院植物保护环境保护研究所

　　从图片看，害虫是食心虫。该虫是将卵产于果实表面，幼虫孵化后就钻蛀到果实中为害，因此，最有效的方法是套袋，也可从以下几方面加以控制。

　　（1）刮除树皮。早春发芽前，彻底刮除病部树皮，集中处理，消灭越冬幼虫。

　　（2）剪除虫梢。早春五、六虫梢，集中处理，消灭其中幼虫。

　　（3）喷洒农药。在成虫期或卵孵化高峰期用甲维盐、阿维菌素、菊酯类农药进行叶面喷施，但由于该虫世代不整齐，效果不是很理想。

49 问：桃果表面有斑，是什么病，怎么防治？

北京市大兴区　网友"吝啬鬼"

答：徐筠　高级
农艺师　北京市农林
科学院植物保护环境
保护研究所

根据桃果病斑照
片判断，可能是桃树
穿孔病。

防治措施

（1）加强桃树的
综合管理，重视增施有机肥（8 月下旬是施有机肥最佳时期），增
强树势，对黏重土壤要多施马粪或其他有机肥，也可施 GM 生物
菌肥，配使硫酸钾复合肥，以便改善土壤。

（2）合理修剪，及时剪出病枝，虫枝，集中烧毁深埋。

（3）控制浇水次数和浇水量，小水勤浇。温室浇水选在晴天进
行，切忌阴天浇水，及时通风换气，以降低湿度。

（4）喷药防治。花后 7~10 天，桃细菌性穿孔病选择喷 75％农
用硫酸链霉素 250 倍，新植霉素 3 500 倍或硫酸链霉素 3 500 倍液。
霉斑穿孔病和褐斑穿孔病选择喷 80％大生 M45 800 倍液、50％疮
痂穿孔灵 1 000~1 500 倍液，45％代森锌 800 倍液。一般每隔 15 天
喷 1 次，共喷 3 次。

50 问：桃表面不平是怎么回事？

北京市大兴区　网友"走过的那段情"

答：徐筠　高级农艺师　北京市农林科学院植物保护环境保护研究所

从图片看，好像是蝽象为害的。

防治措施

（1）人工捕杀越冬场所成虫，剪除田间卵块和幼龄若虫。

（2）实行套袋栽培，自幼果期即开始套袋，防止蝽象等为害。

（3）关键是适时防治，在若虫发生期（约6月5日）喷药防治，药剂有20%速灭杀丁、2.5%功夫菊酯、2.5%溴氰菊酯等2 000倍液。

51 问：2年桃树无新根，一拔就起来了，怎么回事？
云南省 网友"昆明王先生……桃子种植"

答：徐筠 高级农艺师 北京市农林科学院植物保护环境保护研究所

2年桃树无新根可能有以下几种原因。

（1）桃树种植时埋土太深了，种树时土壤应埋在嫁接口以下。

（2）种植树苗时树坑挖的相对较小。种树时一般将树坑挖的大一些，1m²，80cm深，生土、表土（熟土）分开放，表土和有机肥混合后先回填，再填生土，但注意树千万不要种深；在种树时可以使用ABT系列生根粉，可以加速苗木生根；同时，应仔细检查根部，剔除有病瘤苗木，用生物制品—抗癌菌剂K84的5倍混合液蘸根系再栽植，可以较好地防治根癌。

（3）小苗要进行整形，定干，增强树势。一般整型为Y字形或纺锤形。

52 问：草莓新叶片上有红点，怎么回事？

河南省　网友"小马种植"

答：鲁韧强　研究员　北京市林业果树科学研究院

从照片看，草莓苗新叶上的斑点应是炭疽病。草莓育苗应选用脱毒苗定植，凡采用成苗或重茬地育苗，其幼苗期都易感染炭疽病。

53 问：甜查理草莓下过雨后就死苗，一般发生在母株，根部连同新根尖端变黑，茎叶最后也变褐色，是什么病？

河南省　网友"小马种植"

答：李明远　研究员　北京市农林科学院植物保护环境保护研究所

从图片看，有点像是草莓炭疽病或根腐病。需要在显微镜下观察一下病原，如果见到的是镰刀菌应当是根腐病，如果是短棒状的病菌就是炭疽病。

54 问：草莓叶缘皱缩是怎么回事？

云南省　网友"昆明王先生……桃子种植"

答：王小伟　推广研究员　北京市林业果树科学研究院

从图片看，主要是栽植过深，苗心埋进土里，发不出新叶来了。

补救方法：尽快将苗心上面的土去掉，让苗心露出来。栽苗时要掌握"深不埋心、浅不露根"的原则，浇水后对淤心苗、露根苗、歪倒苗要及时采取措施。

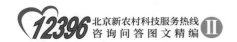

55 问：部分草莓苗整棵发黄，怎么回事？

河北省　网友"河北承德刘草莓"

答：鲁韧强　研究员　北京市林业果树科学研究院

从照片看，草莓是典型的缺铁症。

建议：对黄叶植株根部灌木美土里菌液，叶面喷螯合铁叶面肥进行矫正。

56 问：草莓根腐病用什么药？

河北省　网友"河北承德刘草莓"

答：徐筠　高级农艺师　北京市农林科学院植物保护环境保护研究所

草莓根腐病可用15%恶霉灵可溶性粉剂500倍浸根30分钟，成活率可达90%以上；另外，用2.5%咯菌腈（适乐时）1 000倍液灌根，也有较好的防治效果。

57 问：草莓需要疏果吗？
河南省　网友"小马种植"

答：鲁韧强　研究员　北京市林业果树科学研究院

草莓可以适量疏果，应生产果大优质的商品果，每个花序可留5~6 个果，疏除畸形果和小果，使果实个大而鲜亮。

58 问：草莓苗发黄是怎么回事？

天津市　网友"小怪兽打凹凸慢"

答：鲁韧强　研究员　北京市林业果树科学研究院

从照片看，草莓是严重的缺铁黄化症。造成缺铁的原因可能是土壤碱性，灌水中含钙量高，或施肥中含磷量过高，都会降低土壤中铁元素的有效性，使草莓苗吸收铁元素困难。

矫正方法：一是结合滴灌土壤补充枸橼酸铁等螯合铁；二是结合喷药，叶面喷施枸橼酸铁等螯合铁肥。

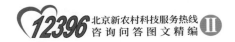

59 问：草莓叶子背面发红是怎么回事？

北京市通州区　网友"冰冷外衣"

答：鲁韧强　研究员　北京市林业果树科学研究院

从照片看，草莓老叶片背面叶脉发红，是缺磷症状，可喷0.3%磷酸二氢钾矫正。

60 问：葡萄撒施如图肥料浇水后，没几天整块地葡萄叶片发黄，怎么回事？

河南省　网友"小曾葡萄基地"

答：鲁韧强　研究员　北京市林业果树科学研究院

从图片看，葡萄新叶发黄是缺铁症。施氮肥浇水后，生长速度加快新叶颜色会有变浅的表象，但不应该变成黄色。在盐碱性重的土壤上，大雨或灌水后，梢叶生长加快，而土壤透气性变差，根系对养分吸收减弱，葡萄易出现缺铁症。应及时松土透气和叶面喷施螯合铁进行矫正。

一

种植咨询问题

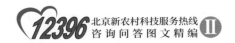

61 问：葡萄果粒变褐、脱落，怎么回事？

湖北省　网友"超越，桃"

答：徐筠　高级农艺师　北京市农林科学院植物保护环境保护研究所

从图片看，可能是葡萄白腐病。葡萄白腐病由真菌侵染所致，病菌孢子在土壤中能存活 1~2 年。一般高温多雨有利于病害的流行。一切造成伤口的条件都有利于发病。如风害、虫害及摘心、疏果等农事操作，均可造成伤口，有利病菌侵入。果实进入着色期与成熟期，其感病程度亦逐渐增加。果穗的部位与发病也有很大的关系。接近地面的果穗，易受越冬后病菌的侵染，同时，下部通风透光差，湿度大、容易诱发病害。该病流行性强，而且高温高湿的气候条件最易发病，特别是暴风雨或雹灾后，造成大量伤口更易发病。

防治方法

（1）做好果园清洁工作以减少菌源。

（2）改善架面、通风透光、及时整枝、打杈、摘心和尽量减少伤口，提高果穗离地面距离，架下 60% 的地面可铺黑地膜，注意排水降低地面湿度。喷磷酸二氢钾等叶面肥和根施复合肥，增强树势，提高抗病力等一系列措施，都可抑制病害的发生和流行。接近地面的果穗可进行套袋。

（3）药剂防治。在葡萄芽膨大而未发芽前喷波美 3°～5° 石硫合剂或 45% 晶体石硫合剂 40~50 倍液。花前开始至采摘前，每 15~20 天喷 1 次药。1∶0.5∶200 倍半量式的波尔多液，80% 大生 600 倍液，75% 达科宁 600 倍液，12% 绿乳铜 800 倍液交替使用。施药必须要穗穗打到，粒粒着药。

62 问：葡萄果粒上有黑色斑点，是什么病，怎么防治？
河北省　网友"岁月无痕"

答：徐筠　高级农艺师　北京市农林科学院植物保护环境保护研究所

从图片看，葡萄幼果表面出现黑色、深褐色圆形斑点，可能是葡萄炭疽病。

防治措施

生长季节抓好喷药保护。每 15~20 天，细致喷 1 次 1：0.5：240 倍半量式波尔多液，保护好树体，并在 2 次波尔多液之间加喷高效、低残留、无毒或低毒杀菌剂。可选用以下农药交替使用：多抗霉素 500 倍液、70% 克露可湿性粉剂 700~800 倍液、75% 百菌清可湿性粉剂 600~800 倍液、50% 代森锰锌可湿性粉剂 500 倍液、80% 甲基托布津可湿性粉剂 1 000 倍液。

63 问：葡萄叶发黄，第一片叶是所有品种都发生的病害，但限于嫩叶；第二片、第三片叶是个别发病，怎么回事？

河南省　网友"河南葡萄种植"

答：徐筠　高级农艺师　北京市农林科学院植物保护环境保护研究所

从图片看，（1）第一片叶所有品种都发生，可能是叶蝉为害所致。

防治措施

喷菊酯类杀虫剂。

（2）第二片、第三片叶子可能是雨水较多造成的缺铁症。

防治措施

追施有机肥改善土壤结构。

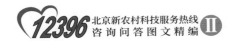
64 问：露地栽培的葡萄大小粒现象严重，是什么原因？
江苏省　网友"江苏 - 海安紫桃"

答：鲁韧强　研究员　北京市林业果树科学研究院

葡萄大小粒现象严重，可能与缺锌有关。

防治措施

明年在花前喷 0.2% 硼砂和 0.3 硫酸锌肥进行预防或落叶前 20
天喷 3% 尿素和 1% 硫酸锌进行贮备，会改善缺锌的症状。

65 问：巨玫瑰葡萄叶子上有斑，怎么回事？

河南省　网友"河南葡萄种植"

答：鲁韧强　研究员　北京市林业果树科学研究院

从照片看，葡萄叶片上的斑点不像病害，更像缺素症。这种典型的叶脉间失绿症状若是发生在基部老叶上即属缺镁症；若发生在中部以上的新叶上即属缺锰症。可根据发病部位确定一下。

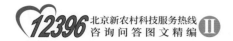
66 问：葡萄有病叶的植株不结果，是什么病？
北京市海淀区　网友"beryl"

答：鲁韧强　研究员　北京市林业果树科学研究院

从图片看，葡萄不结果的原因是去年主枝未形成花芽。现在应该在各个主枝生长到 10 片叶时掐尖，副梢留 2 片叶即可，这样可充实主枝，促使花芽形成。

答：李兴红　研究员　北京市农林科学院植物保护环境保护研究所

从图片看，葡萄上的小黑点可能是缺硼引起的。可以在花期前后喷施硼肥来改善。

68 问：温室大棚弗雷无核葡萄干梗、烂果、缩果，是什么
原因造成的？

北京市海淀区　某女士

答：李兴红　研究员　北京市农林科学院植物保护环境保护研
究所

从图片看，有2种可能原因，一种是生理原因，可能是营养问
题，结果过多，留叶量不够，或者植株长势较弱；另一种是侵染性
病害引起的，可能是链格孢属的真菌和灰霉病菌引起的。

目前的应急措施：剪除病组织，先用化学杀菌剂铬菌腈喷洒或
者浸果穗，7天左右再用一次生物菌剂寡雄腐霉，用上面同样的方
法处理果穗。此外，要加强栽培管理，多施有机肥，少施氮肥，适
当控制产量。

69 问：葡萄叶片黄边是怎么回事？

北京市平谷区　陈女士

答：李兴红　研究员　北京市农林科学院植物保护环境保护研究所

从图片看，葡萄可能是缺镁引起的，可通过喷施 2% 硫酸镁，减轻症状。

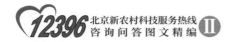
70 问：巨玫瑰葡萄每年到后期叶子就掉了，是怎么回事？
北京市大兴区　李女士

答：鲁韧强　研究员　北京市林业果树科学研究院

　　从照片看，受害的老叶片是缺镁症，再加上温度过高引发叶片枯焦，从果粒着色不均匀的情况看，也有缺锰的表现。可喷施0.3%的硫酸镁+0.2%的硫酸锰矫正。

71 问：刚种的阳光玫瑰葡萄老叶片有褐色的病斑，怎么回事？

广东省　网友"小许 —— 种植"

答：李兴红　研究员　北京市农林科学院植物保护环境保护研究所

从图片看，是葡萄白腐病，可以喷施苯醚甲环唑。

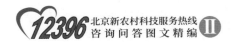

72 问：葡萄是什么病，怎么防治？

北京市大兴区　司女士

答：李兴红　研究员　北京市农林科学院植物保护环境保护研究所

从图片看，葡萄叶片是白腐病，果穗是酸腐病。

防治措施

花期前后用铜制剂预防霜霉病可以兼治白腐病；酸腐病主要是虫或鸟或自然裂口，由于裂口导致醋蝇引发酸腐病，酸腐病防治的关键是避免裂口。

73 问：葡萄开的花很多，但结的果实很少，怎么回事？
北京市延庆区　阎先生

答：李兴红　研究员　北京市农林科学院植物保护环境保护研究所

从图片看，有可能是品种坐果差，可以用植物生长调节剂处理，提高品种坐果率；也可能是花期赶上了阴雨天，降低了坐果率。另外，如果前一年结果母枝成熟度不好，也影响坐果。

74 问：葡萄多发霜霉病，果实也发病严重，曾交替使用烯酰吗啉、霉多克（拜耳）、烯酰氰霜唑、噁酮霜脲氰等农药，效果不佳，应该怎么办？

湖北省 网友"湖北随县果之苑"

答：宫亚军 副研究员 北京市农林科学院植物保护环境保护研究所

可用 40% 烯酰吗啉·嘧菌酯 2 000 倍液进行防治，效果可能会好点。

75 问：葡萄叶发黄怎么回事？
北京市　网友"小许――种植"

答：宫亚军　副研究员　北京市农林科学院植物保护环境保护研究所

从图片看，这种症状应该属于生理性缺铁。

缺铁原因：碱性土壤影响根系对铁的吸收；土壤中营养元素不平衡；土壤黏重，透气性差；春梢生长迅速，根对铁的吸收满足不了葡萄生长的需要，影响叶绿素的形成。

防治措施

应及时松土透气，叶面喷施螯合铁进行矫正。

76 问：葡萄叶片上有凸起的小疙瘩，怎么回事?

内蒙古自治区　网友"A 信得过的牙医"

答：鲁韧强　研究员　北京市林业果树科学研究院

从图片看，是葡萄毛毡病，该病是一种瘿螨对叶片为害造成的。目前处于发病的初期，以后叶上的小疙瘩会更大，螨虫即在虫瘿中繁殖和为害。

防治措施

可以喷施杀螨剂并加 2 000 倍有机硅，增强药剂的渗透能力，透过虫瘿消灭螨虫。

77 问：棚栽夏黑葡萄掉粒严重，怎么回事？

黑龙江省 网友"晶莹剔透的冰"

答：李兴红 研究员 北京市农林科学院植物保护环境保护研究所

从图片看，夏黑葡萄保留的果穗数量太多，叶片留的可能相对较少，通常情况 0.5kg 的果穗要有 15 张左右的叶片供给营养，否则，容易出现这种情况，同时，也易感染病菌，加重为害。

防治措施

应进行疏花疏果，控制好叶果比，提高果实品质。

种植咨询问题

78 问：枣树开花但是不坐果？
北京市密云区　王先生

答：鲁韧强　研究员　北京市林业果树科学研究院

枣幼树或生长旺盛的树不易自然坐果。

目前，提高枣树坐果措施主要有如下内容。

（1）盛花期环剥。在主干或大枝上环状剥皮，剥口宽度为枝干粗度 1/10~1/8；

（2）花期喷赤霉素，浓度为每 100kg 水加 1~1.5g 赤霉素，可隔 2~3 天再喷 1 次；

（3）叶面喷肥。可单独喷也可与赤霉素合喷，如 0.3% 的硼砂，0.2% 的磷酸二氢钾。有条件的再进行放蜂授粉，效果会更好。

79 问：台湾青枣是怎么回事？

广西壮族自治区　网友"广西蜜丝枣．彬"

答：徐筠　高级农艺师　北京市农林科学院植物保护环境保护研究所

从图片看，台湾青枣果实顶端果肉褐变，可能是缺素症——缺硼。

防治措施

在初花期至生理落果停止期，喷 350 倍硼砂液 2~3 遍。

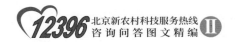

80 问：枣树是什么病，怎么防治？

北京市　网友"李先生－潾县农办"

　　答：李兴红　研究员　北京市农林科学院植物保护环境保护研究所

　　从图片看，枣感染了锈病。

防治方法

　　应该提前用药，可以用苯醚甲环唑或粉锈宁，喷药重点喷叶背；也要清扫落叶，集中销毁。

81 问：枣树上是什么虫子？
广西壮族自治区　网友"杀虫手雷"

答：宫亚军　副研究员　北京市农林科学院植物保护环境保护研究所

从图片看，枣树上的虫子是红脊长蝽，卵孵化时群集为害，然后开始扩散，因此，以早期防治效果更好，可选用 2.5% 功夫菊酯 2 000～3 000 倍，4.5% 高效氯氰菊酯乳油 1 500～2 000 倍液，2.5% 保得乳油 3 000 倍液均匀喷雾。

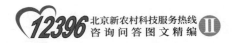
82 问：樱桃叶脉间有红褐色的斑点，是怎么回事？
北京市通州区　杜先生

答：鲁韧强　研究员　北京市林业果树科学研究院

从图片看，樱桃叶片是叶脉间失绿，如果是新梢基部叶则为缺镁症；如果是新梢中上部叶可能是缺锰。可喷 0.3% 硫酸镁或硫酸锰进行校正。

83 问：樱桃果子小、发软不爱长，怎么回事？
山东省　网友"泰山"

答：鲁韧强　研究员　北京市林业果树科学研究院

从图片看，樱桃幼果发育正常。樱桃坐果后，进入胚发育和硬核期，所以，果实膨大生长较慢。此时，若树体营养不足或新梢长势过旺，就会造成养分供应不足或新梢与幼果的营养竞争，导致种胚发育中止而使幼果发黄脱落。

种植咨询问题

84 问：大棚樱桃黄叶，怎么回事？

山西省　微信网友陈先生

答：鲁韧强　研究员　北京市林业果树科学研究院

从照片看，樱桃黄叶可能是缺铁症。缺铁要在秋施基肥前，将硫酸亚铁与有机肥一起腐熟后施用，此外，病树在刚展叶时及时喷螯合铁补充，效果较好；在萌芽前采用树干打孔填药的方法效果也较好。如果已经全叶变黄白色，各种补铁方法效果都不好。

如果黄叶是根癌造成的，那就无法补救了。

85 问：樱桃枝干上前端有叶，后面没有叶，是怎么了？
北京市通州区　网友"官帽"

答：鲁韧强　研究员　北京市林业果树科学研究院

从照片看，樱桃枝干后部没有叶不是病害。可能是去年以前，树冠低部位枝上的芽遭受冻害，造成僵芽而不能发枝。

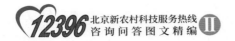
86 问：樱桃开春长势好，枝条伸展 10cm 左右就不长了，
叶子边缘开始变干，怎么回事？

河南省　网友"小马种植"

答：鲁韧强　研究员　北京市林业果树科学研究院

从照片上的樱桃幼树叶片干边的情况看，是树体生长势弱加上土壤干旱，造成的叶片日灼伤害。树势弱根系则不发达，土壤干旱更使根系吸水困难，干燥的天气加上强烈直射的阳光，使根系吸水供应叶片蒸发困难，造成向阳面叶片失水干边，严重时，会造成落叶。

87 问：樱桃树叶发黄、有斑点，怎么回事？
山东省　网友"泰山"

答：徐筠　高级农艺师　北京市农林科学院植物保护环境保护研究所

从图片看，樱桃叶斑点可能是褐斑病。

防治措施

（1）加强水肥管理，增强树势，提高树体的抗病能力。冬季修剪后，彻底清除果园病枝和落叶，集中深埋或烧毁，以减少越冬病源。

（2）药剂防治。花后 7~10 天，连续喷 2 遍，间隔 15 天。7—8 月雨季可再喷 2 次。可选择的药剂有：① 1.5% 多抗霉素 300~500 倍，防效好，多年连续病菌无抗性产生。② 10% 宝丽安 1 000~1 500 倍液。③ 80% 大生 600 倍液。

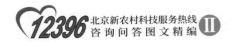
88 问：樱桃有十几棵叶干，是怎么了？
北京市顺义区　网友"1007"

答：鲁韧强　研究员　北京市林业果树科学研究院

从照片看，樱桃树老叶干边是日灼病。树势弱，根部吸水供应不上叶片的蒸发，造成叶缘干枯。特别是弱势、枝少树的南侧枝叶，被阳光直射的时间长，更易发生日灼。有条件的果园可多灌几次小水，增加果园湿度，降低果园温度。

89 问：樱桃树叶缘干枯，得了什么病？
北京市通州区　网友"通州－樱桃"

答：李兴红　研究员　北京市农林科学院植物保护环境保护研究所

从照片看，叶缘大面积枯焦，可能是叶斑病引起的，也可能是生理原因引起，但照片清晰度欠佳，也没有树整体的情况，不太好确定。目前也是樱桃叶斑病高发的季节，应喷药防治，可用苯醚甲环唑或代森锰锌，连喷 2~4 次，间隔期 7 天左右。

90 问：10年左右的樱桃树被水淹后出现黄叶、干叶现象，
树快死了，怎么办？
北京市海淀区　孟女士

答：鲁韧强　研究员　北京市林业果树科学研究院

从图片看，樱桃树涝害严重，可能会死树。应排水后在行间挖深沟沥水，使表层土壤透气，不透气的情况下根系无氧呼吸会大量死根。若现在果园低洼处仍很湿，应在树两侧挖50cm深坑沥水透气，进行补救。

91 问：大雨之后，樱桃黄叶且有斑点，是什么病，如何改善？

北京市　网友"1007"

答：李兴红　研究员　北京市农林科学院植物保护环境保护研究所

从图片看，樱桃树是得了斑点落叶病。

防治措施

可以喷施多抗霉素或苯醚甲环唑等，多施有机肥；此外，田间要通风透光，光照条件不好，也容易得病。

92 问：核桃树皮开裂，个别树干也裂了，树皮撕开后有白色的东西，是怎么回事？

陕西省　网友"渭南小单 – 核桃"

答：鲁韧强　研究员　北京市林业果树科学研究院

从图片看，开裂的核桃树主干，是太阳辐射造成的。树皮裂缝中的白毛是昆虫做的茧，多为害虫，应清除消灭。

93 问：核桃树干上有白色的菌块，是怎么回事？
陕西省　网友"渭南小单－核桃"

答：徐筠　高级农艺师　北京市农林科学院植物保护环境保护研究所

从图片看，树干的白色菌块是朽木菌，树干这部分是先死亡再寄生的，树干死亡原因可能为日灼或冻伤。

防治措施

树干涂白。

（1）树干涂白的作用。防止树干日灼、防晚霜、防抽条、增加树木对阳光的反射能力，避免昼消夜冻，减少冻害。

（2）涂白剂的制作方法及使用方法。生石灰 10 份、石硫合剂原液 2 份（或商品晶体石硫合剂 2 份）、食盐 1 份、油脂（动植物油均可）少许、黏土 2 份、水 40 份，也可以加入少量有针对性的杀虫剂。先用水化开生石灰，滤去残渣，倒入已化开的食盐和油脂后充分搅拌，再加水拌成石灰乳，最后加入石硫合剂，搅拌均匀后进行树干涂白。涂白部位主要是树干基部（高度在 0.6~0.8m 为宜）和果树主枝中下部，如有条件，可适当涂高一些，效果更佳。涂白每年进行 2 次，分别在落叶后和早春进行。早春涂白时间的确定条件是在涂后晾干前不结冰的前提下，越早越好，新栽植的树木应在栽后立即涂。

一

种植咨询问题

94 问：核桃是什么病，怎么防治？

河南省 网友"河南向日葵"

答：徐筠 高级农艺师 北京市农林科学院植物保护环境保护研究所

从图片看，为核桃叶斑病。

防治措施

关键是早期进行药物防治。

（1）核桃发芽前全园喷 1 次 3°~5°波美度石硫合剂。

（2）花前、花后喷菌剂 3~5 次，间隔 15 天。推荐药剂：1.5%多抗霉素 500 倍，75%多菌灵 800 倍，50%扑海因 1 500 倍，注意药剂交替使用。

（3）在 8 月下旬施有机肥，增强树势。

95 问：核桃树叶片皱缩，怎么防治？
陕西省　网友"渭南小单 – 核桃"

答：徐筠　高级农艺师　北京市农林科学院植物保护环境保护研究所

从图片判断，是核桃缺钙引起的叶片皱缩。

防治措施

（1）秋施有机肥并加施石膏100千克／亩。

（2）叶面喷氯化钙等300倍液。

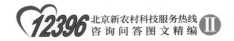
96 问：有些核桃在树上就这样了，是什么病害？

北京市平谷区　马先生

答：李兴红　研究员　北京市农林科学院植物保护环境保护研究所

从图片看，是核桃黑斑病，要提前预防。可喷施代森锰锌或加瑞农或可杀得防治，加强栽培管理，增强树势。

97 问：核桃果实大部分黑烂、绝收，是什么病，怎么防治？

北京市　网友"沉默是金"

答：徐筠　高级农艺师　北京市农林科学院植物保护环境保护研究所

核桃果实大部分黑烂了是核桃举肢蛾（俗称核桃黑）为害所致，该虫在我国核桃产区1年发生2代，在河北、山西等省的高寒地区，海拔在500m以上地区1年仅发生1代。幼虫在老熟树冠下的表土处越冬。

防治方法

（1）刨树盘，以恶化越冬幼虫的生态环境，深刨树盘10cm左右。

（2）地面药剂处理，毒杀即将羽化的成虫。5月中旬开始，大树每株用25%辛硫磷50g，对水5kg喷洒树盘内外并混土。

（3）树上防治，5月下旬田间越冬代蛾出现后，及时喷药不可偏晚，6月中旬喷第二次药，25%灭幼脲三号1 500倍液。

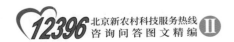

98 问：3 年生的板栗树只开花，不结果，还有死树，是什么原因？

山东省　微信网友"珍惜"

答：王小伟　推广研究员　北京市林业果树科学研究院

从图片看，可能是土壤 pH 值不适宜板栗的生长。

建议：测量一下土壤是否偏碱性。板栗适宜在酸性或微酸性的土壤上生长，在 pH 值 5.5~6.5 的土壤上生长良好，pH 值超过 7.2 则生长不良。

99 问：山楂和海棠树叶子发黄，是缺肥吗？

北京市房山区　网友"高－果树"

答：鲁韧强　研究员　北京市林业果树科学研究院

从图片看，山楂和海棠树叶发黄是缺铁症，这种症状与地面硬化有关系，地面硬化后，严重影响土壤透气，抑制根系对养分的吸收。

防治措施

可叶面喷施氨基酸铁矫正。

100 问：山楂浇了 2 次硫酸亚铁后，叶片不太黄了，有深色的花纹，怎么回事？

北京市　网友"叶冰冰－北京"

答：鲁韧强　研究员　北京市林业果树科学研究院

从图片看，山楂树叶片缺铁黄化，经浇硫酸亚铁矫正已呈现不均匀绿色，这是硫酸亚铁起了作用，使叶片逐步形成叶绿素。但硫酸亚铁吸收到叶片使叶片变绿过程中，可溶解的二价铁又被氧化成不能溶解的三价铁而不能再移动，使叶片呈现出不均匀的绿色。

101 问：百香果有几片叶皱缩、花叶，怎么回事？
江西省　网友"江西……小菜虫"

答：鲁韧强　研究员　北京市林业果树科学研究院

从照片看，百香果叶片皱缩、花叶症状是感染了病毒病，现在还无有效的防治措施。今后育苗应选用无病植株枝蔓做插穗或购买脱毒苗种植。严防叶蝉类刺吸式口器害虫传毒。

102 问：橘子树是什么虫子为害的，怎么防治？

江苏省　余先生

答：徐笋　高级农艺师　北京市农林科学院植物保护环境保护研究所

从图片看，是红蜡蚧以及其为害所诱发的煤污病。红蜡蚧一年发生1代，以受精雌成虫在植物枝干上越冬。虫卵孵化盛期在6月中旬，初孵若虫多在晴天中午爬离母体，如遇阴雨天会在母体介壳爬行半小时左右，后陆续固着在枝叶上为害。

防治措施

（1）检疫防治。加强苗木引入检疫。

（2）农业防治。及时合理修剪，改善通风、光照条件，将减轻为害。

（3）人工防治。用铁刷刷除在枝干上越冬受精雌成虫，及时剔除虫体或剪除多虫枝叶，集中销毁。

（4）生物防治。不打广谱性杀虫剂，保护和利用红蜡蚧天敌昆虫。

（5）药剂防治。建议在幼虫期、成虫形成蜡壳前集中喷药防治，5月下旬至6月中旬是防治的关键。防治介壳虫的药剂有40%速扑杀乳油1 500倍等。喷施药剂同时，加农用有机硅（渗透剂）3 000倍，药效会更好。

103 问：橘子表面变成铜皮色了，怎么回事？

浙江省　网友"浙江－小周"

答：鲁韧强　研究员　北京市林业果树科学研究院

从照片看，柑橘果实上的干斑不像病害，从树上干斑果实具有的方向性看，可能是日灼伤。在连阴雨天气后，猛然放晴，温湿度变化剧烈，阳面果实易产生灼伤。

三、花卉

01 问：万寿菊怎么回事？
北京市延庆区　吴女士

答：李明远　研究员　北京市农林科学院植物保护环境保护研究所

从图片看，是万寿菊病毒病。

在北京地区万寿菊常见的病害：一个是黑斑病；另一个就是病毒病，对生产影响较大。病毒病一般发生在6—7月，严重的地块死株较多。

万寿菊病毒病是由黄瓜花叶病毒引起，病害的传播介体是蚜虫。病害发生与传播介体的多少有关。天气较旱，蚜虫较多，万寿菊病毒病有可能重一些。

02 问：瓜叶菊上是否能用多效唑？怎么用？

江苏省　网友"薛家花行"

答：周涤　高级工程师（教授级）　北京市农林科学院蔬菜研究中心

瓜叶菊可以用多效唑，使用多效唑有降低株高，增大冠径，提早始花期，延长盛花期的作用，但会一定程度减少花蕾数量。

在苗期使用（参考浓度 0.1~0.3mg/L），叶面喷施，连用 3 次，间隔 10 天。与 0.1% 磷酸二氢钾、0.05% 硼混合使用效果更好。3 种成分的混合溶液有增加种子千粒重的效果，可处理留种植株。

多效唑的使用不仅是一门科学，还是一门艺术。同样的浓度在不同的品种、地区、季节会有不同的效果。要想准确掌握喷药时机和浓度，就必须详细记录每次喷药的环境条件、使用时的基质湿度、使用后的温度和光照情况等。

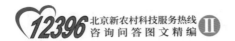
03 问：菊花上是什么虫子，怎么防治？
北京市通州区　网友"尹～种植技术员"

答：宫亚军　副研究员　北京市农林科学院植物保护环境保护研究所

从图片看，菊花上可能是蚜虫。

如果是蚜虫可用 10% 吡虫啉 2 000~3 000 倍液进行整株喷雾防治，也可用 1.8% 阿维菌素 2 000~3 000 倍液进行防治，阿维菌素杀虫谱比较广，对其它害虫也有效。

04 问：柠檬树干、树枝、叶子上长了一层白色雾状的东西，叶子上还有一层黏的液体，怎么回事？

北京市平谷区　网友"弟子规"

答：周涤　高级工程师（教授级）　北京市农林科学院蔬菜研究中心

从图片看，柠檬是受到叶螨的侵害。

观察叶背面可以找到虫体，虫体很小，有时不易发现。虫子吮吸叶汁，破坏叶绿素，导致光合作用受阻，叶片失绿发黄，直至脱落。

05 问：非洲茉莉茎部萎蔫，怎么办？
宁夏回族自治区　网友"枸杞～文心"

答：周涤　高级工程师（教授级）　北京市农林科学院蔬菜研究中心

从图片看，很可能是由于长时间没有浇水，植株严重缺水，造成根系伤害。补救时，浇水过多或是长期浇灌过多造成积水烂根，导致茎部萎蔫甚至坏死。

补救措施

松土或换土，保持根部土壤通透性良好。黏重的土壤可以加入腐叶土和适量河沙。保持土壤湿润，不要过湿。修剪掉枯萎的枝条，移到阴凉通风的地方，待发新叶时再开始施肥等管理。

06 问：剑兰花烂根，怎么回事？
河南省　网友"商丘小杨"

答：周涤　高级工程师（教授级）北京市农林科学院蔬菜研究中心

从图片看，剑兰花是球茎出了问题。建议把球茎挖出来观察一下，看看球茎表面是否有黄褐色病斑或水浸状病斑。常见的是剑兰花细菌性的腐烂病和疮痂病。

防治措施

（1）一般以预防为主，发病后很难控制。

（2）种植前要进行土壤消毒，避免连作，发病株要及时铲除。土壤应排水良好，有机肥必须是充分腐熟的，忌积涝。

（3）选用健康种球栽种。采收的种球严格挑选并用高锰酸钾1 000倍溶液浸球，再储藏。

（4）发病初期喷施农用链霉素可溶性粉剂2 000倍溶液，连用2~3次。

（5）苗圃应重视预防地下害虫（如蝼蛄）。

07 问：沙漠玫瑰叶片发黄，怎么回事？
辽宁省　网友"曲盆栽"

答：周涤　高级工程师（教授级）　北京市农林科学院蔬菜研究中心

沙漠玫瑰叶片发黄可能有几个原因：浇灌过多，光照不足，通风不良，低温。可以对照看这株沙漠玫瑰属于哪种情况。

08 问：碰碰香是怎么回事？
北京市门头沟区　网友"阿吉"

答：周涤　高级工程师（教授级）　北京市农林科学院蔬菜研究中心

从图片看，碰碰香可能由于光照较弱，盆土湿度较大造成的真菌性叶斑病。

目前看不严重。需要加强通风，控制浇水或改善栽培基质的通透性，尽可能增加光照，特别是目前进入短日照和低温的气候。定期修剪清除下部淤积的残叶老枝，减少氮肥的施用，叶片上避免沾水或肥液，可喷 70% 代森锰锌 600~800 倍液预防。

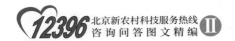
09 问：桂皮树是什么病，怎么防治？
辽宁省　网友"曲盆栽"

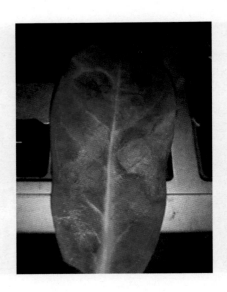

答：周涤　高级工程师（教授级）　北京市农林科学院蔬菜研究中心

从图片看，可能是桂皮树叶斑病或炭疽病。由于植株生长势弱，或者外部不利因素，如土壤过湿，氮肥过多，连阴雨天气等造成。

防治方法

可用70%代森锰锌600~800倍液；77%可杀得可湿性微粒粉剂600倍液。隔10天左右1次，防治2~3次。

10 问：君子兰叶片上有斑点和白毛，怎么回事？
北京市密云区　网友"草莓蔬菜密云"

答：周涤　高级工程师（教授级）　北京市农林科学院蔬菜研究中心

从图片看，后面老叶上的叶斑像是君子兰叶斑病的症状。

君子兰叶斑病产生的主要原因。

（1）施用没有发酵好的肥料，使病菌在盆土中大量繁殖。

（2）盆土长期不换，陈土中存在致病细菌。

（3）所换新土没有充分发酵，在盆中二次发酵。

（4）氮、磷、钾不平衡，特别是少钾肥或施肥时肥料直装接触根部所致。

要针对具体原因采取不同的措施防治。施用的肥料一定要充分发酵；施肥浓度要小；氮、磷、钾要平衡；每年春、秋2次更换充分发酵的营养土，不用生土。这样就可以杜绝君子兰叶斑病的发生。

君子兰上层叶片有白色附着物，说明栽植土污染严重，应进行换土。去掉带病斑严重的叶片，用软布蘸稀释的洗涤灵溶液，擦拭去掉白色附着物和灰尘等，再蘸清水擦洗2遍即可。

11 问：三角梅怎么管理和修剪？
四川省　网友"四川大英～李"

答：周涤　高级工程师（教授级）　北京市农林科学院蔬菜研究中心

三角梅管理容易，注意浇水充足，保持环境湿润，但土壤不要积水。夏季适当增加浇灌次数。冬季开花前控制浇水，现蕾后应保证浇灌充足。生长适温为 15~30℃，在夏季应适当遮阴或采取喷水、通风等措施，冬季应维持不低于 5℃ 的环境温度。

三角梅在施肥方面，除施足基肥外，生长季节还应追肥。追入少量的磷酸二氢钾，同时，给叶面喷施 0.1%~0.2% 的磷酸二氢钾溶液，盛花期每周浇施 1 次矾肥水，叶面喷施 0.2% 的磷酸二氢钾。

三角梅的修剪通常在花期后进行。修剪过密枝、内膛枝、徒长枝，对水平枝一般保留，修剪时注意保持植株的美观，对其它枝一般均衡疏剪，不宜重剪，防止形成徒长枝，影响花芽形成。

三角梅做造型则没有定式，根据自己的欣赏和爱好，依树势而造，灵活发挥。

12 问：美国凌霄怎么管理和修剪？
四川省　李先生

答：周涤　高级工程师（教授级）北京市农林科学院蔬菜研究中心

美国凌霄是紫葳科凌霄属落叶木质藤本植物，喜充足阳光和肥沃而排水良好的沙质壤土。

早春用一年生的枝条20cm段或用黄化的根系扦插，大约2个月后生根。采用压条法一般在5—6月进行。日常养护管理简单。生长及开花期，每月施2~3次20%的饼肥水。每次浇水要充分，干透再浇。夏季第一批花过后，可对枝条进行重剪，仅需留1~2个节，使其萌发新枝，再次开花。修剪后，补施2~3次复合肥。

春季修剪十分重要。由于美国凌霄枝蔓的髓部较大，老枝容易中空，越冬后会有不少枯枝，应在春季发芽前加以修剪，疏剪过密枝，但一般不对枝条进行短截重剪，因其花芽主要分布在上一年生枝的顶端。一般只在花后对旺盛生长枝短截，促发二次花或培养新枝，为来年开花做准备。另外，生长季对多余的老根也应适当剔除。

13 问：虎刺梅、长寿花、豆瓣绿、发财树需要施些什么肥料？

北京市　王先生

答：周涤　高级工程师（教授级）北京市农林科学院蔬菜研究中心

虎刺梅：在春秋 2 季各施 1 次氮磷钾均衡的复合肥。同时，喜光照，放置在光线充足的地方。虎刺梅耐旱，忌浇水过多过勤。

长寿花：10 月 1 日后适当控水，施磷钾肥，可浇灌 5‰ 的磷酸二氢钾溶液，促进开花，其它季节施氮磷钾均衡肥，2~3 周 1 次，长寿花耐旱不要浇灌过多。一年四季都需要光照充足，夏季避免直晒。

虎刺梅和长寿花结合换盆，可用适量骨粉作为底肥。

豆瓣绿：一般喷叶面肥就可以，每月浇水 1 次，日常也可浇灌腐熟的淘米水，干透再浇。豆瓣绿喜半阴环境，不要直晒。通过修剪可以保持株型。

发财树：根系不发达，不宜浇灌过多过勤和浓肥。每月浇灌稀释观叶植株的液肥，保持浇灌酸性水，可用硫酸亚铁溶液交替浇灌。

14 问：观赏凤梨盆花叶子慢慢干了，怎么回事？
河南省 网友"丁~小麦、花卉"

答：周涤 高级工程师（教授级） 北京市农林科学院蔬菜研究中心

观赏凤梨观赏部位为花萼片，观赏期可达数月。

从图片看，是由于严重缺水造成的，需要马上浇水。特别叶心部位也要保持存水的状态。因为凤梨根系不发达，养分和水分主要通过叶片吸收。

15 问：富贵竹是怎么回事？
河南省　王女士

答：周涤　高级工程师（教授级）　北京市农林科学院蔬菜研究中心

从照片看，主要是缺光。长期缺光影响光合作用，叶色变浅。

首先将植株移到散射光充足的窗台附近，但要避免直晒，应可以改善。

水养富贵竹应控制长势不要过快，施肥不要过多过勤。观叶植物适用的液肥稀释后适量就可以。

16 问：多肉植物适合在阴凉的地方，还是有阳光的地方？
北京市顺义区　网友"天使"

答：周涤　高级工程师（教授级）　北京市农林科学院蔬菜研究中心

多肉植物适合放在有阳光的地方，从照片看，多肉植物叶片下垂，叶色较浅，是较长时间缺少光照和浇水过多造成的。特别是冬季、春季和秋季应放在阳光充足的地方，浇水应见干见湿，不要频繁浇水。现在将要进入夏季，应将多肉放在有散射光通风的地方。夏季高温时，多肉会进入休眠或半休眠，应减少浇水。

种植咨询问题

问：栀子花得了什么病，如何防治？
山东省　网友"中国壁蜂供应商"

答：周涤　高级工程师（教授级）　北京市农林科学院蔬菜研究中心

从图片看，栀子花老叶发黄并向新叶发展，大量叶片脱落。应是缺肥导致，造成缺肥的原因可能是土壤和水质的碱性导致镁、铁、硼的吸收受阻。

栀子花喜含腐殖质较多的酸性土，掺入河沙增加透气性。栀子花喜光，春秋 2 季应保证至少 8 小时的日照，夏季忌中午强光暴晒，否则，会使叶片变黄，要放置在散射光处养护。施肥要稀肥勤施，生长旺季每 10 天施 1 次腐熟的饼肥水，每 2 个月施 1 次碎麻酱渣。入冬前停止施肥。平时可喷洒 0.2%~0.5% 的硫酸亚铁水溶液和 0.7%~0.8% 硼镁肥溶液。

18 问：兰屿肉桂叶片没光泽、变褐，怎么回事？

　　广东省　网友"深圳蔬菜采购"

　　答：周涤　高级工程师（教授级）　北京市农林科学院蔬菜研究中心

　　从图片看，兰屿肉桂应是生理性病害。

　　叶片缺乏光泽，开始枯黄脱落，生长点少有新叶萌发，主要是由于土壤黏重或长期浇灌偏碱性水，导致土壤呈碱性，养分吸收受阻，造成缺肥。所以，首先应该用酸性水浇灌。现在是生长旺季，应每月施肥1次，入秋后，应连续追施2次磷钾肥。

19 问：盆栽红豆杉是怎么回事？

河南省　网友"河南～张学习"

答：周涤　高级工程师（教授级）北京市农林科学院蔬菜研究中心

红豆杉下部叶变黄，侧枝干枯可能是强光照射、环境干燥或土壤过干导致根系缺水等因素造成的。

红豆杉属植物在我国有4个种之多，分别是东北红豆杉、云南红豆杉、南方红豆杉等，不同种的生长环境不同，如东北红豆杉耐寒性强，土壤要求具有良好的排水性的沙质土壤，较耐旱和贫瘠；而南方红豆杉分布在我国长江流域以南，海拔 500~3 500m 的山地林中。云南红豆杉喜生于山脚潮湿处，较耐寒，要求肥力较高的酸性或微酸性土壤。不同种的红豆杉共性是要求环境耐阴，对环境的相对湿度要求较高。

因此，红豆杉作为盆栽应注意夏季在室外不能强光直射，冬季放在室内观赏，需要充足的散射光，最重要的是要保持环境通风和适宜的相对湿度，可以经常向地面或植株盆土表面喷水，保持土壤的湿润，但不能频繁浇灌，保持土壤微酸性。由于红豆杉侧根发达，主根不发达，具有浅根性，因此，对盆土表面喷水有利于保护侧根。对下部发黄的茎叶可进行整形修剪。

20 问：这是什么草？
北京市延庆区　吴女士

答：王金娟　12396 金牌客服　北京市农林科学院信息与经济研究所

从图片看，是一种水草，三棱草。

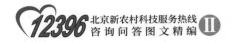
四、杂粮

 01 问：小麦叶片上有白点，是什么病，怎么防治？
上海市　网友　"小王—大葱种植"

答：单福华　高级农艺师　北京市农林科学院杂交小麦工程技术研究中心

从图片看，是小麦白粉病。

症状：主要为害叶片，病情严重时，也可为害叶鞘，茎秆和穗部。从幼苗至成株期皆可发生。病斑部位初期长出丝状白色霉点，以后表面覆盖的霉层逐渐加厚，似绒毛状，颜色由白色逐渐变为灰色。

防治方法

小麦白粉病的防治应在未发病时进行预防，或发病初期，用药剂防治效果较为理想。可结合防治小麦吸浆虫、麦蚜，每亩用粉锈宁有效成分 7~10g，或用 50% 多菌灵可湿性粉剂 80~100g，或用 12.5% 禾果利可湿性粉剂 20~30g，对水 30~50kg 喷雾防治，喷雾时注意打透植株下部叶片。注意用水量较为关键，同剂量、同一药剂用水量不少于 30kg，防治效果明显，时隔 7~10 天再喷 1 次，以增强防治效果。

02 问：麦秆和麦穗上半截干了，有蔓延的趋势，怎么回事？

河南省　王先生

答：单福华　高级农艺师　北京市农林科学院杂交小麦工程技术研究中心

从图片看，是小麦赤霉病。

2016年小麦赤霉病发生区域较大，河南省也是重灾区。

建议：以后要选择抗病品种，其次喷药防治。虽然已经过了防治最佳的抽穗期，但病情不断蔓延会影响产量。可选用50%多菌灵可湿性粉剂1 000~1 200倍液，或70%甲基托布津可湿性粉剂1 400倍液，或用50%托布津可湿性粉剂1 000倍液，每亩用药液50~70kg喷雾。

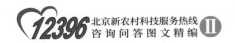

03 问：玉米叶片上有斑，植株节间缩短，怎么回事？

河南省　网友　"小马种植"

答：尉德铭　副研究员　北京市农林科学院玉米研究中心

从图片看，是玉米条纹矮缩病，主要是蚜虫或灰飞虱传播病毒引起的。

防治方法

（1）选用抗病、耐病品种。

（2）调节播期，使幼苗期避开蚜虫迁飞高峰期。

（3）加强田间管理，及时中耕除草，结合间苗，在田间尽早识别并拔除病株。

（4）治蚜防病。在玉米条纹矮缩病常发区，可用内吸杀虫剂包衣，以控制出苗后的蚜虫为害。在玉米播种后出苗前和定苗前，用10% 吡虫啉 30 克 / 亩 +5% 菌毒清 100mL/ 亩喷雾，既杀虫，也起到一定的减轻病害作用。

04 问：玉米上是什么虫子，怎么防治？

北京市海淀区　张女士

答：尉德铭　副研究员　北京市农林科学院玉米研究中心

从图片看，是玉米双斑萤叶甲。

为害症状

以成虫为害玉米叶片、雄穗和雌穗为主。取食叶肉，仅留表皮，受害玉米叶片呈现大片透明白斑，严重影响光合作用；取食花丝、雄穗和雌穗，影响玉米授粉结实。

防治措施

（1）农业防治。清除杂草，减少春季过渡寄主，降低双斑萤叶甲种群数量，减轻为害。

（2）物理防治。在田边早春寄主上人工扫网捕杀。

（3）化学防治。田间发生量大时，在清晨成虫飞翔能力弱的时间，选用吡虫啉、硫丹、氟虫氰等药剂喷雾防治。

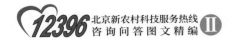

05 问：玉米苗不长，呈枯萎状，怎么回事？

河南省　网友"安阳"

　　答：尉德铭　副研究员　北京市农林科学院玉米研究中心

　　从图片看，可能是以下几种原因造成。

　　（1）整地粗放，土壤通透性不良。

　　（2）播种时土壤过湿，造成播种过深，出苗不齐，大部分苗子地中茎很长，使苗子长势非常慢。

　　（3）虫害和药害，造成玉米叶卷起和叶边缘缺刻现象。

06 问：谷子是什么病，怎么防治?

北京市密云区　郑先生

答：尉德铭　副研究员　北京市农林科学院玉米研究中心

从图片看，是谷子白发病。

防治措施

（1）选用抗病品种并进行种子处理。

（2）实行2~3年轮作。

（3）拔除病株。苗期拔除"灰背"，成株期拔除"白尖"。拔下的病株携带出田间烧毁，切勿作饲料，也不要用来沤肥。连续拔除病株，才能压低土壤含菌量。

07 问：高粱是否适合北京市延庆区种植，打了除草剂后成
这样了，怎么回事？
北京市延庆区　网友"奋起直追"

答：尉德铭　副研究员　北京市农林科学院玉米研究中心

高粱只有引种后，才能知道是否适宜北京市延庆区种植。

从图片看，与除草剂关系不大。与整地和播种粗放有关，播种
过深过浅，造成大小苗不等。

08 问：蝼蛄对花生后期还有为害吗？
北京市大兴区　网友"吝啬鬼"

答：李明远　研究员　北京市农林科学院植物保护环境保护研究所

蝼蛄的为害，主要是在苗期，等到植株大了，就是有些为害，植株的补偿能力也强了。在一般情况下，这样的花生，关系就不大了。不过就怕出现特殊情况，还是多注意检查为好，不要等蝼蛄为害严重了再采取措施。

09 问：大豆上是什么虫子，怎么防治？
北京市 网友"○○○○○○"

答：单福华 高级农艺师 北京市农林科学院杂交小麦工程技术研究中心

从图片看，是在小麦收获后，铁茬直播的大豆。图片中的幼虫看上去像是黏虫，是地老虎的幼虫。为鳞翅目，夜蛾科。寄主于麦、稻、粟、玉米等禾谷类粮食作物及棉花、豆类、蔬菜等16科104种以上植物。幼虫食叶，大发生时，可将作物叶片全部食光，造成严重损失。因其群聚性、迁飞性、杂食性、暴食性，成为全国性重要农业害虫。

防治措施

（1）黑光灯诱杀成虫。

（2）药剂防治。可选用的药剂：90%晶体敌百虫1 000倍液；50%马拉硫磷乳油1 000~1 500倍液；90%晶体敌百虫1 500倍液加40%乐果乳油1 500倍液。

喷药时间。幼虫3龄前。

用法。喷洒，每亩喷对好的药液75kg。

10 问：黄豆上是什么虫子，什么时候打药好？

安徽省　张先生

答：单福华　高级农艺师　北京市农林科学院杂交小麦工程技术研究中心

从图片看，可能是豆天蛾。豆天蛾俗名豆虫，以幼虫为害大豆叶片，造成缺刻或孔洞，轻则吃成网孔，重者将豆株吃成光秆，不能结荚，影响产量。一般在 7 月中下旬至 8 月上旬为成虫产卵盛期；7 月下旬至 8 月下旬为幼虫发生盛期。初孵化幼虫有背光性，白天潜伏叶背，1~2 龄为害顶部咬食叶缘成缺刻，一般不迁移，3~4 龄食量大增即转株为害，这时是防治适期，5 龄是暴食阶段，约占幼虫期食量的 90%。6—8 月，雨水协调，有利于豆天蛾发生，大豆植株生长茂密，低洼肥沃的大豆田，豆天蛾成虫产卵多，为害重。

防治方法

于 3 龄前幼虫期喷药处理，可用 50% 辛硫磷乳剂 1 000 倍液；20% 杀灭菊酯乳油或 2.5% 溴氰菊酯乳油 2 000 倍液，每亩用药液 50kg 喷雾。

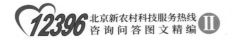

 问：红薯是怎么回事？

河南省　网友"河南向日葵"

答：李明远　研究员　北京市农林科学院植物保护环境保护研究所

从图片看，红薯像是地下害虫或某种动物为害的。

12 问：向日葵是怎么回事？

河南省　网友　"河南 霞"

答：黄金宝　副研究员　北京市农林科学院植物保护环境保护研究所

从图片看，可能与环境剧烈变化有关。当环境恢复正常后，不会影响向日葵正常生长。

一

种植咨询问题

13 问：葵花地里长出好多列当，影响葵花生长，有办法除掉吗？

河北省　边先生

答：尉德铭　副研究员　北京市农林科学院玉米研究中心

葵花地里列当去除方法如下。

（1）在列当出土盛期和结实前及时中耕锄草 2~3 次，开花前，要连根拔除或人工铲除并将其烧毁或深埋；收获后，及时深翻整地。

（2）当向日葵的花盘直径普遍超过 10cm 时，进行田间喷药，用 0.2% 的 2,4-D 丁酯水溶液，喷洒于列当植株和土壤表面，每亩用药液 300~350L，8~12 天后可杀列当 80% 左右。在向日葵和豆类间作地不能施药，因豆类易受药害死亡。

五、食用菌

 问：蘑菇遭遇暴雨后，有没有有效补救的措施？
北京市大兴区　梁先生

答：陈文良　研究员　北京市农林科学院植物保护环境保护研究所

蘑菇遭遇暴雨后，可以继续让其出菇，把菌袋放入地势比较高的地方，或者放在菇架上，给予出菇的条件，如合适的温湿度条件，通风换气，散射光照等，能够继续出菇。但菌袋不能当菌种使用。

02 问：平菇种植技术要点有哪些？
内蒙古自治区 网友"Ａ淡雪，甜蜜的回忆。"

答：陈文良 研
究员 北京市农林科
学院植物保护环境保
护研究所

平菇种植技术要
点如下。

种植时间：主要
在秋季种植，出菇在
秋季、冬季和春季。有的进行反季节栽培，即夏天种植，但要利用
耐高温品种。

种植模式：主要采用袋式栽培。每袋装料（指干料）1~1.5kg。

种植原料：主要为棉籽壳和玉米芯等。栽培时，栽培料对上
水，料水比为 1：1.2，含水量达到 60% 左右。为了防止菌袋污染，
一般在拌料时，加入 1%~3% 的生石灰粉，以便增加碱性，避免杂
菌生长，防止菌袋污染。

接种量：装袋后，一般为生料栽培，不需要热力灭菌。接种量
掌握在 10%~15%。

栽培管理：菌袋发菌期温度 22~25℃，要求培养场所保持通风
换气条件。出菇期温度 8~15℃，品种不同，出菇温度也各异；出
菇时，菇房内要每天浇水，空气相对湿度保持 90% 左右，需要散
射光条件。

03 问：平菇上的小黄虫子是什么虫，怎么防治？

北京市　网友"北京　有机蔬菜　食用菌"

答：陈文良　研究员　北京市农林科学院植物保护环境保护研究所

从图片看，是平菇眼菌蚊的幼虫。

防治方法

（1）注意菇房经常通风换气。

（2）菇房温度控制在 20℃以下。

（3）主要的防治药剂如下。

菇净：使用菇净 2 000 倍液浸泡菌袋；使用菇净 1 000 倍液喷雾菌袋和栽培环境。

高效氯氰菊酯：使用 4.5% 高效氯氰菊酯可湿性粉剂 1 000 倍液喷雾培养料、菇房和栽培环境。

喷药时，不要喷到蘑菇上。

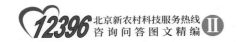

04 问：双孢菇发菌不匀，怎么回事？
安徽省　网友"淮北种养结合张"

答：陈文良　研究员　北京市农林科学院植物保护环境保护研究所

双孢菇发菌不均，主要由 3 方面原因造成。

（1）栽培料发酵不均，或者铺料铺的不均，或者栽培料含水量不一样大，导致发菌不均。

（2）播种不均，或者菌种质量不一样，造成发菌不均。

（3）播种技术和方法，也会影响发菌效果。

从图片看，播的麦粒种，裸露在栽培料料面上，菌种容易干燥，影响发菌。

菌种应该播种到栽培料内，这样有利于发菌，发菌也能够均匀。因此，播种方法也应该讲究。

究竟是什么原因造成的双孢菇发菌不均，根据实际情况具体分析一下。

05 问：蘑菇是怎么回事？

山东省　网友"08 年—14 年的时间去哪了"

答：陈文良　研究员　北京市农林科学院植物保护环境保护研究所

从图片看，蘑菇培养料比较缺水，可以浸泡菌袋 12 小时以上，增加水分；菇形是畸形的，可以增加通风换气，看看效果如何。是否有害虫发生，图片上看不清楚。

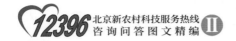

六、其他

问：大棚里的枸杞苗是线虫为害的吗？怎么防治？
新疆维吾尔自治区　网友"天山农夫"

答：李明远　研究员　北京市农林科学院植物保护环境保护研究所

从图片看，枸杞苗是根结线虫为害的。

根结线虫最好是以检疫措施来预防，一旦传了进来，很难消灭干净。对于农户来讲，就是不用粘有病土的农机具，进温室门换鞋。

防治方法

（1）种植抗病的品种。

（2）不断地灌药和土壤处理。目前，灌药使用得较多的，一是噻唑磷（又称福气多），二是阿维菌素。还有使用大扫灭、石灰氮、土壤熏蒸剂的，但一般成本较高或麻烦。可以根据自己的承受能力选择，没有能根除根结线虫的药。

02 问：半夏的种植技术和成本？

河北省　网友　"美好的未来"

答：陈文良　研究员　北京市农林科学院植物保护环境保护研究所

半夏为天南星科多年生草本植物。

种植技术

每亩施有机肥 3 500~5 000 千克作基肥。半夏种植时间一般在每年 3 月下旬至 4 月上旬，北方时间可以适当错后。种植前将球茎大小分级，分别下种。按行距 20cm，沟深 6cm，株距 2cm，把球茎或珠芽均匀播于沟内，覆土畦面，上覆盖一层稻草，并用水淋透畦面。一般每亩种植球茎 100kg 或珠芽 50kg。

半夏是耐阴植物，可在林下或者高秆作物下面进行间作。

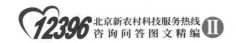
及时追肥

半夏是一种喜肥植物，出苗后即进行第一次追肥，每亩施腐熟人粪尿 1 000~2 000kg，以后看苗情再进行多次追肥。

做好排灌和培土

高温和土壤干燥，容易引起植株枯黄，或者倒苗，会影响到块茎生长。在半夏的整个生长发育期内，要经常保持土壤湿润环境，促进植株和块根生长。雨季要抓好排水工作，防止球茎腐烂。

每年 6—7 月，成熟的种子和株芽陆续落地，在 6—7 月上旬进行 2 次培土，以利株芽生长，长成新的粗壮植株。

适时摘蕾

为了促进球茎生长，减少营养物质消耗，当植株抽薹时，要分期分批把长出的花苞摘除，减少养分消耗，从而提高半夏产量。

刨收期

半夏最适宜刨收期是在秋天气温降低 13℃以下，叶子开始变黄色时刨收；黄淮地区秋分节气前后收获；东北地区要提前刨收。

防治球茎腐烂病

一般在雨季和低洼地容易发生球茎腐烂病。雨后要注意排水；在发病初期及时拔除病株；并用必洁仕牌二氧化氯消毒剂 10 000 倍液浇灌病株病穴，防止此病蔓延。

半夏的成本并不高，只要掌握种植技术，还是很有经济效益的。

03 问：白玉兰的叶子发黄，边缘变焦，怎么回事？
北京市顺义区　许先生

答：王小伟　推广研究员　北京市林业果树科学研究院

从图片看，白玉兰可能是缺铁。主要原因是土壤碱性偏高，造成土壤内的铁不能被根系吸收。

防治方法

（1）喷施铁肥。铁肥以硫酸亚铁为主。在萌芽前喷施，浓度1%左右。在生长期喷施，浓度为0.3%~0.5%，症状严重时，可多喷几次。

（2）埋瓶法。早春埋瓶效果最佳。树刚刚萌芽时，将浓度为0.1%~0.3%的硫酸亚铁溶液，装在洗净的瓶中备用。在离树干1m处挖土露出根来，选直径5mm粗的根，将根切断后插入装有硫酸亚铁溶液的瓶内，然后用土埋好。株埋4~6瓶即可。

（3）增施有机肥。有机质分解过程中产生的腐殖胶体，能活化和吸附土壤中有效铁离子，供树体吸收利用。

第二部分　养殖咨询问题

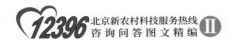
一、鸡

问：鸡长痘，陆续死亡，怎么办？
北京市通州区　网友"冰冷外衣"

答：初芹　副研究员　北京市农林科学院畜牧兽医研究所

从图片看，应该是鸡痘。鸡痘发病后，属于终身免疫，以后不会再复发。

建议：发病鸡隔离，然后把痘包挑破，用红药水、紫药水类擦拭即可。

健康鸡群及时免疫鸡痘疫苗。鸡痘疫苗可考虑梅里亚疫苗或者较好点的国产疫苗。

02 问：发酵床养鸡技术的优缺点？
上海市　微信网友　"成长是痛的领悟"

答：初芹　副研
究员　北京市农林科
学院畜牧兽医研究所

发酵床养鸡的优
缺点如下。

（1）优点。采用
特定益生菌发酵有机
质，制作活性垫料，
以一定的厚度铺设于
舍内地面，其中的微
生物将畜禽粪便快速酵解，在整个饲养过程不用清理粪便和更换垫料，只要对垫料进行科学的养护，保持发酵活性即可，实现了养殖粪污的零排放、无污染、无臭味，畜禽在整个生命周期都生活在上面，提供了最适宜的生态环境，健康水平提高，生病少，产品品质得到提升，养殖效益得到提高。

（2）缺点。需要购买垫料，垫料需要定期维护，需要投入一定的人工。

垫料发酵过程会产生热量，畜舍内温度升高，在一些高湿高热季节和地区适宜性略差，需要增加通风。

二

养殖咨询问题

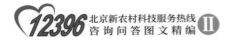
03 问：土鸡蛋上面的污物怎么去除？
湖北省　微信网友　"清河"

答：赵际成　助理兽医师　北京市农林科学院畜牧兽医研究所
使用细砂纸轻轻打磨。千万不能清洗，清洗会破坏鸡蛋外面的
保护膜，使细菌大量进入鸡蛋内，造成污染变质。

04 问：圈养的鸡如何防止被天敌，或其它动物伤害？
上海市　网友"成长是痛的领悟"

答：赵际成　助理兽医师　北京市农林科学院畜牧兽医研究所

如果是鹰之类的猛禽伤害，建议在圈舍里多栽种高大树木。在树木未成形之前只能是使用罩网防护。

如果是老鼠或者是黄鼠狼伤害，最好的办法就是养猫狗，利用食物链规律防治，同时，养猫也可以防治山喜鹊和乌鸦的伤害。但是，猫狗必须是从小和鸡养在一起。

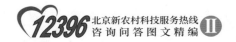

05 问：鸡益生菌发酵饲料怎么做？

北京市 网友"绿色养殖"

答：初芹 副研究员 北京市农林科学院畜牧兽医研究所

益生菌发酵鸡饲料方法如下。

（1）可以直接拌料。菌液按照说明扩繁以后（一般 1 ： 10 比例，与菌液类型有关），按 0.5% 比例加入全价料中，拌匀饲喂，建议当天拌料当天使用完。

（2）制作发酵饲料。按照饲料:水:菌液:红糖 =100 : 60 : 1 : 1 比例拌匀，装入密封袋中，置于温暖避光地方发酵 5~7 天（温度低要适当延长时间），发酵完成后，要求饲料清爽，有酒香味，无霉变。发酵饲料可以直接饲喂，也可以与其它原料混合后饲喂。开封后尽快用完，冬季不超过 2 天，夏季不超过 1 天。

06 问：鸡胃里是什么，像煮熟的鸡蛋黄？

北京市大兴区　网友"绿色养殖"

答：赵际成　助理兽医师　北京市农林科学院畜牧兽医研究所

如果是鸡胃里面出现这种情况，有可能是采食的问题。看到胃浆膜有淤血或出血情况，应该是胃胀造成的。但是没有坏死，说明发病时间不长。看第二张照片像是黏膜部分，黏膜有轻微坏死和溃疡。从症状看不像是原发疾病，很像是胃阻塞。如果是胃阻塞，一定会出现胃肠道坏死情况。但是鸡很少发生胃阻塞和胃肠扭转的情况。

从以上分析看，有可能是饲喂的食物不利于消化或者造成了胃肠运动迟缓，使采食的食物大量滞留在胃内，并产生了凝结，造成胃胀，膨胀的胃压迫血管造成淤血出血，向前压迫胸腔，并压迫肺脏和心脏。这种情况最容易出现于饲喂过细的精料，而料中又没有添加细沙，并且是笼养的鸡。

养殖咨询问题

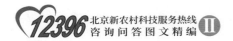
07 问：鸡蛋是怎么回事？

北京市大兴区　网友"lxn"

答：初芹　副研究员　北京市农林科学院畜牧兽医研究所

从图片看，鸡蛋壳质量不是很好，薄且有沙，壳易碎。造成这种现象的原因：饲料缺钙；应激；母鸡的日龄过大；母鸡得过病影响到生殖道的健康，从而会影响蛋壳质量。

二、鸭

问：鸭子站不起来，怎么回事？
四川省　冯先生

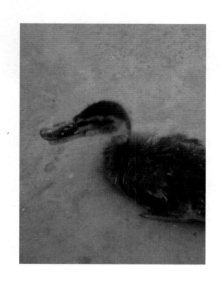

答：赵际成　助理兽医师　北京市农林科学院畜牧兽医研究所

从图片看，看不到鸭子的正常状态，也看不到病变部位。

如果是腿部关节炎症造成的站立困难，可以肌注安痛定和地塞米松磷酸钠，同时口服消炎药。如果是外伤感染，造成脓性炎症，要等到破溃后用双氧水清洗，同时使用消炎药。如果是其它问题，需要进一步的提供症状表现。

02 问：肉鸭是怎么回事？
安徽省　网友"宿州，萧县"

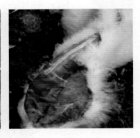

答：赵际成　助理兽医师　北京市农林科学院畜牧兽医研究所

从图片看，鸭肝脏边缘有变性情况，腺胃黏膜出血，腺胃乳头看不清楚变化，似乎有血凝不良的情况。如果仅局限在这两个部位，而且仅有这两种变化，可能是饲料中毒。饲料有霉变情况，或者饲喂的某种食物有霉变情况，夏季气候潮湿，一定要注意饲料不要受潮。

03 问：鸭群中一些鸭子仰卧、走路不稳，怎么回事？

安徽省　网友"宿州，萧县"

答：赵际成　助理兽医师　北京市农林科学院畜牧兽医研究所

从图片看，很像鸭坦布苏病毒感染。坦布苏病毒病主要造成产蛋鸭卵巢发炎，部分发病鸭出现神经症状，小鸭子会出现死亡，但死亡率不高。小鸭子感染出现神经症状的概率更大一些。主要表现就是仰卧、走路不稳，仰卧鸭翻正后很快又恢复仰卧状态。坦布苏疫苗刚刚研制成功，目前还没有上市。除了淘汰病鸭，加强消毒和隔离，目前没有更好的办法。

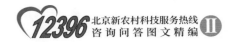
三、羊

01 问：有只小尾寒羊吃得很多，但体型较小，吃草时有声音，后腿上有虫，怎么回事？

四川省　网友　"Jiaxin"

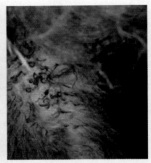

答：赵际成　助理兽医师　北京市农林科学院畜牧兽医研究所

从图片看，羊寄生虫很像蜱虫。这种虫吸食宿主的血液，消耗宿主的营养。轻的可以造成宿主营养不良，严重的可以造成宿主衰竭死亡。

生有蜱虫的羊，身体瘦弱（严重的皮包骨状态），生长停滞，因为不是消化系统疾病，所以羊的饮食正常，甚至比其它的羊食欲更强，但是光吃不长。如果处理不及时，羊会衰竭死亡。

如果这只羊有蜱虫，那么其它羊也一定会有。

建议：用1%敌百虫给羊群集体药浴。第一次药浴之后，间隔1周再做第二次药浴。再之后间隔3个月重复1次。

比较容易出现这种情况的是放牧羊群，如果羊群是放养，建议每年定期给羊群做药浴。

02 问：羊脸上长的是什么，怎么治疗？

北京市大兴区　马先生

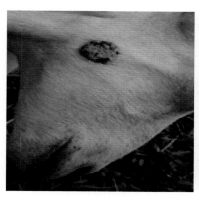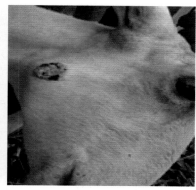

答：赵际成　助理兽医师　北京市农林科学院畜牧兽医研究所

从图片看，应该是羊皮肤坏疽。

建议：清理掉坏疽部分的坏死皮肤肌肉，使用双氧水消毒后用红霉素软膏涂抹，每天1次。

如果有条件，在外治的同时，可以静脉输液，注射甲硝唑，每千克体重15mg。

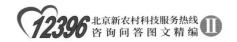

03 问：羊拉虫，磨牙，拉的是什么虫，怎么防治？
内蒙古自治区　网友"abc"

答：赵际成　助理兽医师　北京市农林科学院畜牧兽医研究所

从图片看，是羊绦虫。在体内成连续的结节状寄生虫，排出体外时像大米粒状，是从结节上脱落下来的。比较难根治，需要重复几次驱虫才可以。

最常用的药物是丙硫苯丙咪唑，比较安全，效果也不错。但要防止产生耐药性。一般间隔 3 个月驱虫 1 次，每次连用 3 天，每天空腹口服，15kg/ 片。

羊磨牙是因为腹痛，说明绦虫已经很严重了，需要尽快治疗。

感染的羊群粪便要及时处理，最好是每天处理，粪便集中发酵，或者是喷洒敌百虫堆积处理，要远离圈舍，并且，要堆积在圈舍的下风向。

四、其他

问：兔子已经8~9窝了，总在6~8天整窝死，是什么病，怎样预防和治疗？

北京市丰台区　网友　"老小孩"

答：赵际成　助理兽医师　北京市农林科学院畜牧兽医研究所

如果整窝的在6~8天死亡，而且所有死亡的情况都相同，应该是疾病造成。

要想解决还要在母兔身上预防。一般这种情况多见于母兔感染疾病造成的仔兔出生后就自身带病。这种情况对仔兔治疗没有任何意义，必须在母兔身上采取预防治疗措施。

从死兔照片上看不出异常，这可能是急性死亡造成的。建议观察一下母兔情况，并且保证母兔的预防免疫全部做到位。对于仔兔，只能采取加强保温、及时吃上初乳，做好消毒，及时隔离等措施。

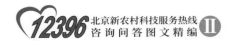

问：肉鸽粪便不正常，是肠炎还是大肠杆菌？

河南省　网友"累了放开"

答：赵际成　助理兽医师　北京市农林科学院畜牧兽医研究所

肠炎是一种症状表现，大肠杆菌是病原之一，两者不矛盾。

如果怀疑是大肠杆菌性的肠炎，可以喂一些抗菌药。例如，庆大、痢菌净或佛哌酸等。

从图片看，有很多白色的东西，如果是皮屑，肉鸽有可能有体外寄生虫，可以再观察一下。

03 问：狗的眼睛有眼屎、溃烂，怎么回事？
北京市通州区　网友　"冰冷外衣"

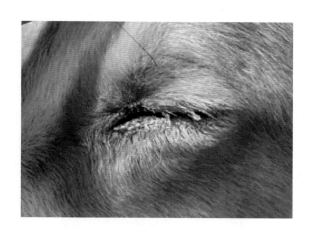

答：赵际成　助理兽医师　北京市农林科学院畜牧兽医研究所

从图片看，是狗倒睫。眼睑内翻，要定期清理眼睫毛。可用林可霉素加甲硝唑 1 : 1 比例勾对后，用棉花蘸药液擦洗，一天 2 次，也可以拔掉倒睫。要想彻底治疗，最好做一个小手术，将内翻眼睑恢复到正常状态。

二

养殖咨询问题

04 问：斑鸠站不起来，怎么办？
四川省　冯先生

答：赵际成　助理兽医师　北京市农林科学院畜牧兽医研究所

先检查一下斑鸠有没有外伤，按压腿部肌肉有没有疼痛感觉。看照片斑鸠状态不像是严重疾病情况，应该属于肌肉拉伤之类的硬伤。

如果是这类硬伤，可以口服消炎药搭配止痛药。例如，先锋搭配布洛芬类药物，用药剂量不太好掌握，最好按千克体重折算。

05 问：娃娃鱼是什么病，怎么治疗？
湖北省　网友"小小娃娃鱼"

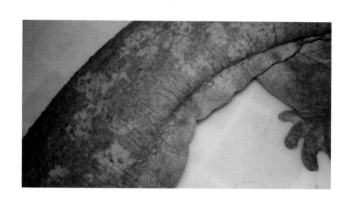

答：徐绍刚　高级工程师　北京市农林科学院水产科学研究所
从图片看，娃娃鱼只是局部体色有些变淡，没有出现溃疡或腐烂的状况，如果没有出现摄食量减少，应该没有问题。